科学家带我去探索丛书

为根瘤菌编家谱

WEI GENLIUJUN BIAN JIAPU

——土壤微生物学家带我去探索

程富金 著

人民教育出版社

PEOPLE'S EDUCATION PRESS

·北京·

图书在版编目（CIP）数据

为根瘤菌编家谱：土壤微生物学家带我去探索 / 程富金　著.—北京：人民教育出版社，2016.6（2020.10重印）
（科学家带我去探索丛书）
ISBN 978-7-107-31180-2

I.①为…　II.①程…　III.①根瘤菌—青少年读物　IV.①Q939.11-49

中国版本图书馆CIP数据核字（2017）第092823号

为根瘤菌编家谱：土壤微生物学家带我去探索

程富金　著

出版发行　人民教育出版社
　　　　　（北京市海淀区中关村南大街 17 号院 1 号楼　邮编：100081）

网　　址	http://www.pep.com.cn
经　　销	全国新华书店
印　　刷	北京盛通印刷股份有限公司
版　　次	2016 年 6 月第 1 版
印　　次	2020 年 10 月第 3 次印刷
开　　本	787 毫米 ×1 092 毫米　1/16
印　　张	8
字　　数	128 千字
定　　价	26.00 元
审 图 号	GS（2013）822 号

丛书顾问：牛灵江　韦志榕　杨　刚　金玉俊

丛书主编：黄海旺

执行主编：张军霞　王　佳

作　　者：程富金

照片来源：中国植物图像库

　　　　　田长富　田代科　俞求是　杨跃锋

　　　　　吴秀山

美术编辑：王　喆　王　艾

封面设计：王　艾

插图绘制：北京心合文化有限公司

　　　　　天域北斗数码测绘科技有限公司

特约审稿　田长富

目 录

人物介绍

李小燕

是位充满好奇心的女孩，喜欢问为什么，遇到问题总是问：为什么要这样做？为什么不能那样做？……喜欢打破砂锅问到底。

王小刚

是位勤于思考的男孩，喜欢反复思考、反复琢磨，有时候为了想清楚一个问题，连吃饭走路都在思考。

陈文新

中国科学院院士，土壤微生物学家，20世纪70年代开始根瘤菌研究，她将分子生物学技术引入根瘤菌分类研究领域，从基因水平了解根瘤菌之间的亲缘关系，发现了根瘤菌的新属——中华根瘤菌属，在根瘤菌分类领域取得了丰硕的成果。

根瘤菌

与豆科植物共生，形成根瘤并固定空气中的氮气供植物营养的一类细菌。

科学夏令营开始了！

做科学活动该是多么神奇、多么神圣啊，小朋友们谁不心动神往呢！在科学夏令营里一定会经历很多有趣的事情！同学们都踊跃报名参加这一活动。

王小刚和李小燕听说学校组织科学夏令营，他们赶紧去报名。

小刚和小燕是初中一年级的同班同学，今年都是 14 岁。他们俩个性鲜明。小刚遇到问题喜欢反复思考、反复琢磨，有时候为了想清楚一个问题，连吃饭走路都在思考，非把问题想通不可。小燕则和他不同，喜欢问为什么，遇到问题总是问：为什么要这样做？为什么不能那样做？这样做有什么好处？那样做为什么不好？喜欢打破砂锅问到底，不问个明白是不罢休的。

来到报名办公室，看见老师的记录上已写了很多名字了，小燕担心地问："老师，我们还能报科学夏令营吗？"

老师看了看名单，点了点头。

"我想跟动物学家到森林里去探险。"小刚说。

"现在有土壤微生物学的研究项目，想不想参加？"

"这——微生物也太小了吧？多没意思啊！"

"你们不报名，那就让给其他同学吧。"

"能到野外考察吗？"

"别以为微生物只能在实验室里研究，这个项目出去考察的次数会很多的哟。"

"那我报名！"

"我也报！"

土壤是微生物生息的大本营，微生物是土壤肥力形成和持续发展的不竭动力。土壤中有千千万万种微生物，不过，这些微小生物是肉眼看不见的。著名的土壤微生物学家、中科院院士、中国农业大学教授、博士生导师陈文新，正在研究土壤中的一种细菌——根瘤菌，特别是研究根瘤菌的分类和系统发育，人们形象地称她的工作是"为根瘤菌编家谱"。这项研究需要做大量的户外调查和室内实验。

小刚和小燕将在陈文新院士的带领下，踏上科学考察之路。

　　清晨，一层薄薄的晨雾笼罩北京城，东方一片红霞，朝阳还没有从地平线上升起，小燕就早早地来到小刚家。小刚把两本要带的书放进行李袋，匆匆和爸爸妈妈打声招呼，就和小燕出门了。

　　两人乘车来到位于北京西郊的中国农业大学。校门口"中国农业大学"几个醒目的大字高高地竖立在门楼之上。刚走到学校门前，一位叔叔就来接他们了。叔叔带着他们在农大校园里穿行。校园里绿树成荫，花草茂盛，环境优美，道路洁净。一排排教学楼、宿舍楼、实验室错落有致，掩映在万绿丛中。

　　走到一幢楼门前，只见一个牌子，上面写着"中国农业大学根瘤菌研究中心"。叔叔带着他们走进楼内长长的走廊，左拐右拐来到一个办公室前。一位年长的奶奶迎出来。"小刚，小燕，你们来了。我是陈文新，欢迎，欢迎。"

　　"陈奶奶好！"小刚和小燕不约而同地向陈院士问好。

　　陈院士拉着小刚和小燕的手，一同走进她的办公室。

　　在办公室里坐定后，小刚环顾着四周，只见室内干净、整齐、有序。陈院士热情地和小刚、小燕攀谈起来。她真是一位慈祥、和蔼、可亲的长者。

2.1 研究这个课题值得

陈院士拿来了一株植物标本问："你们知道这是什么植物吗？"

只见这株植物的根上长着一些圆圆的东西。两人仔细端详了一会儿。小燕抢着说："这是落花生。"

小刚摇摇头说："落花生是果实，不会长在根上。依我看，倒像是小马铃薯。"

陈院士笑着摇摇头："它既不是落花生，也不是马铃薯，它是大豆，这是大豆根瘤植株标本。"

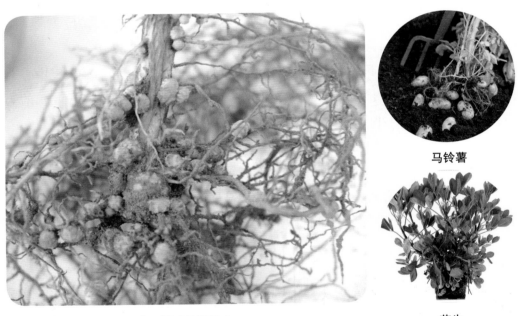

大豆根瘤植株标本

马铃薯

花生

接着，她向两人介绍起了根瘤菌。根瘤菌是土壤中的一种细菌，这种细菌微小得用肉眼看不见。它侵染豆科植物的根或茎，引起植物生成相应的根瘤或茎瘤，就像你们刚才看到的标本那样。这种细菌能固定大气中的氮，给植物提供氮肥，提高土壤肥力，促进农作物增产。

"陈奶奶，您为什么选这个肉眼看不见的根瘤菌来研究？"小燕好奇地问。

"这个问题提得好呀。科学研究课题可多了，什么遗传工程啦，基因工程啦，都是热门课题。根瘤菌能固定大气中的氮，对农业增产和农民增收意义重大。我国幅员辽阔，物种资源丰富，我要了解有哪些植物和根瘤菌共生。这个课题很值得做呀，不过在确定这个课题前，也遇到过许多困难和阻力。"

"噢？这么有意义的课题，会遇到什么困难？"小燕问道。

"在确定研究课题时，有的人说：国内外研究根瘤菌一百多年了，是个老掉牙的课题；有的人说：这个课题枯燥无味，使不上劲；也有人劝我改行换课题……"

"后来呢？"小燕急着问。

"我没有放弃。中国根瘤菌的分布、种类，以及与哪些植物共生还是个未知数。"陈院士笑着说，"我曾两次在毛主席家做客，亲自聆听他老人家的教诲。他还写信勉励我：你学土壤农业化学，有志气！要好好学习和工作，为祖国建设服务。想到毛主席的教导，我就浑身充满力量和信心。在同事们和我的学生共同努力下，我们一做一个准儿，更增添了信心。特别是我的老师陈华癸院士，给了我四个字：'安贫乐道'。从事科学研究就要耐得住寂寞，耐得住单调。"

陈文新院士与毛主席合影

小刚和小燕听得津津有味，他们第一次感受到科研课题的确定，既不是一帆风顺的，也不是异想天开的。

陈院士又继续介绍了他们的课题是如何进行的。一开始，他们就把考察根瘤菌资源和为根瘤菌分类结合起来进行。人们称这种分类和系统发育研究为"为根瘤菌编家谱"。由于方法得当，课题进展顺利，取得了较好的成果。

知识链接

什么是共生？

各种植物之间，都存在着既相互依赖，又相互制约的关系，这是植物在生存斗争中进化的结果。

生物之间常因为互相有利而生活在一起，这是种间互助，也是生存互助，叫作共生。豆科植物喜欢土壤中的根瘤菌，根瘤菌能固定大气中东游西荡的氮气，供豆科植物生长需要。根瘤菌也喜欢在豆科植物身上吸收营养，它们两厢情愿，共生在一起，互相帮助，互相利用。

相反，生物之间常有矛盾，相互斗争。如果一种生物寄居在另一种生物体内，只是对自己有利，而损害对方，这种生活方式就叫寄生。

菟丝子缠绕在其他植株上

有一种淡黄色的草质藤蔓，像细丝一样，上面长有许多吸盘，专门吸取植物体内营养，影响植物生长，这种植物叫作菟丝子，过着不劳而获的寄生生活。

2.2 琳琅满目的实验室

"在实验室里是怎样研究根瘤菌的？"小刚和小燕心里一直犯着嘀咕，陈院士仿佛看透了他们的心思似的，问他们："想看一看实验室吗？"

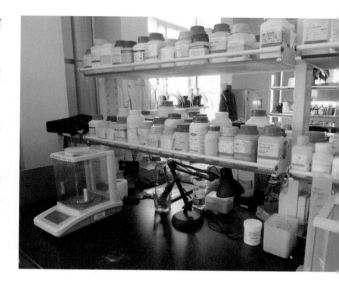

小刚和小燕兴奋地连声说："当然想了，太好了！"

他们第一个走进的是化验室。这是一间宽敞明亮的房子，屋中有几排实验台，上面摆满了贴有标签的玻璃试剂瓶，还有显微镜、天平和许许多多叫不出名字的仪器。

几位穿白大褂的阿姨正在忙碌着，当小刚和小燕在一位正在看显微镜的阿姨身旁停住时，陈院士走过来，让他们也用显微镜看一看。

小刚做了个女士优先的动作，小燕也不客气，赶紧上前去看。她惊叫起来："看见了，看见了！它们有许多形状，怎么都是长长短短的小棍啊？"

"我看看。"小刚走上前去，"真是一些小棍啊！"

"这些细菌都是根瘤菌吗？"小刚问。

陈院士站在一旁告诉他们，细菌是一种单细胞生物，它的形状主要有三种：球状、杆状和螺旋状。

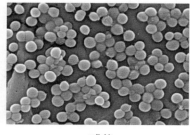

球状

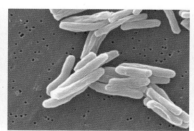

杆状

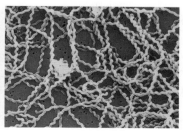

螺旋状

正在看显微镜的那位阿姨接着陈院士的话题解释说："球状菌有尿素小球菌、肺炎双球菌、金黄色葡萄球菌；杆状菌有结核杆菌、芽孢杆菌、无芽孢杆菌；螺旋状菌有小螺菌、霍乱弧菌。做酸奶时要用到乳酸杆菌和噬热链球菌。"

阿姨列举了一大串细菌的名字，小刚、小燕心里佩服极了。

根瘤菌是细菌类中的一种，多是杆状的，长有鞭毛。呈短杆形的菌体像短木棍，而且大小、长短、粗细不同。

观察完根瘤菌，陈院士又带他们去看无菌接种室。在无菌接种室，可以将野外采集来的菌种进行反复培养和筛选。

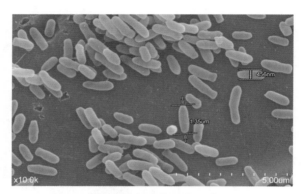

带鞭毛的根瘤菌显微照片

无菌接种室里有无菌操作台，还有接种的工具，如接种针以及酒精灯等玻璃器皿。各种用具和培养基要用高压消毒锅灭菌。

高压消毒锅　　　　　　　　　　　　　**接种箱**　　　　　　　　　　**接种针**

今天没有接种任务，这里是空闲着的。于是，陈院士让他们亲自操作一遍。

① 用左手拿起菌种试管和斜面试管，将试管口靠近火焰，并轻轻旋松棉塞。

② 用右手拿起接种针，放在酒精灯的外焰部位烧红。

③ 用右手的小指和无名指夹下棉塞，试管口也在火焰上烧一下。

④ 把消毒过的接种针放入斜面试管中，接触斜面上的培养基使之冷却。

⑤ 将接种针伸入菌种试管挑取一点菌种。

⑥ 快速抽出接种针，并放在待接种的斜面上，将针头在斜面上轻轻地从内向外划线，取出接种针。

⑦ 在火焰上将试管口消毒，塞上两个棉塞。

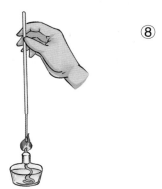

⑧ 再次灼烧接种过的接种针，杀死剩余在上面的菌。

按照这个方法，小刚和小燕每人操作两遍，直到陈院士点头为止。

接着，陈院士又带他们去看了根瘤菌的恒温培养。走进培养室，小燕一眼就看到有一个仪器在不停地摇动，上面放着一些试管和三角瓶。小燕奇怪地问："咦？这个培养箱怎么一直在摇动啊？"

陈院士耐心地给他们讲解起来。原来，根瘤菌的培养基有两种，一种是固体培养基，一种是液体培养基。固体培养基一般用培养皿或试管装着。试管里装固体培养基时，要使试管倾斜。这样，试管中形成的培养基的面积会大一些。液体培养基一般放入三角瓶或试管中。固体培养基用于将采集的根瘤菌进行活化和分离，纯化出根瘤菌后，如果需要大量的繁殖，就用液体培养基培养。液体培养基需要放在保持恒温的摇床中，这样能促进根瘤菌的繁殖。

2.3 小生物，大作用

回到陈院士办公室，两人围坐在陈院士的桌旁，听陈院士讲述根瘤菌的作用。根瘤菌喜欢钻进豆科植物的根或茎中，刺激植物的根或茎不断生长，长成许许多多的小瘤。一个小瘤，就是一个小小的氮肥制造厂。

"为什么叫它氮肥制造厂？"小刚不解地问。

"氮气约占大气总量的78%。如果把1公顷大地上空的氮气转化成化肥——硫酸铵，重量能有40万吨。如果按每公顷地里一年施硫酸铵100千克计算，则可用上400万年。你们说可观不可观？"

"啊？！"小刚和小燕惊讶极了。

"可惜呀！"陈院士接着说，"你们不知道，空气中的氮素有个怪脾气，性情孤僻，又很懒惰，东游西荡，植物无法吸收。"

"所以根瘤菌就来帮忙了，是吧？"小燕似乎明白了。

"说来也怪，它们还真有点'情投意合'呢。"陈院士风趣地说，"豆科植物根部在土壤中遇到根瘤菌，根毛顶端就立即弯曲，张开口，欢迎根瘤菌进入自己体内。根瘤菌也喜欢在豆科植物身体里生活。根瘤菌为豆科植物提供氮源，豆科植物为根瘤菌提供碳源。"

"陈奶奶，您说根瘤菌能提高土壤肥力是怎么回事呢？"小燕问。

"根瘤菌固定空气中的氮素，加工成的氨有三个去向：一是用作根瘤菌自身生长需要；二是供给豆科植物生活需要，豆科植物一生中积累的氮素，有 2/3 是根瘤菌固定的；三是在豆科植物死亡后，留在土壤中，可以提高土壤肥力。"

"每种植物都需要氮肥吗？"小燕的问题又来了。

"这我知道。"小刚故做博学的样子说，"生命体里的主要物质——氨基酸、核酸和一些维生素都含有氮，植物要自己合成这些物质，需要很多氮肥呢！"

"你懂的还真不少！"陈院士高兴地说，"根瘤菌能提高庄稼产量，又能提高土壤肥力，这样可以少施化肥，既防止污染环境，又不消耗能源，你们说多好呀！"

"根瘤菌真是庄稼的好朋友。"

"根瘤菌在西部大开发中担负着重要作用呢！"陈院士加重语气说，"我国西部地区草场面积占世界第二位，由于牧场退化、沙化，牧草产量很低。我们可以在原有草地中加播豆科牧草，比如被誉为'牧草皇后'的紫花苜蓿。"

陈院士接着说："在这些牧草中接种根瘤菌，就会形成优质草场，不但能为发展畜牧业提供优质饲料，还可以防止水土流失，真是一举两得呢。有的豆科植物主根扎得很深，是沙漠

的先锋作物，可以防沙固沙，如锦鸡儿。它们可是用来改造沙漠、利用沙漠的理想选择。你们说，它的作用大不大？"

"小小的微生物，竟有这么大的作用！"小刚和小燕惊叹着。

"明天咱们一起为野外调查做些准备吧！"陈院士说。

"要做野外调查了，太棒了！"

紫花苜蓿 ▶

豆科苜蓿属，多年生草本植物，根系发达，主根入土深达数米至数十米。叶为三出羽状复叶。总状花序簇生，每簇有紫色的蝶形花20～30朵。营养价值很高，是世界上种植最多的牧草品种。

◀ 沙打旺

豆科黄芪属，多年生草本植物。主根粗壮，入土深2～4米，根系幅度可达1.5～4米，着生大量根瘤。奇数羽状复叶，小叶7～25片。总状花序，着紫红色或蓝色花17～79朵。可用于改良荒山和固沙的优良牧草，也可用作绿肥。

▲锦鸡儿

　　豆科锦鸡儿属，落叶灌木，根系发达，具根瘤。偶数羽状复叶，在短枝上丛生。
花单生于短枝叶丛中，蝶形花，黄色或深黄色，凋谢时变褐红色。锦鸡儿抗旱耐瘠，
能在山石缝隙处生长，现已作为园林花卉被广泛栽培。

第二天，小刚和小燕又早早地来到陈院士实验室，他们为将要参加的野外调查活动而兴奋不已。

每一次科学考察或调查之前，都需要制订一个方案，这样可以防止盲目性和随意性。陈院士给他俩认真详细地介绍了这次野外调查的方案和要求。

3.1 目的与任务

"我们这次调查的目的,是为了研究根瘤菌的分类和系统发育。"

"是为根瘤菌编'家谱'。"没等陈院士说完,小刚和小燕就抢着说。

"你们理解得很对!要替根瘤菌分类,必须对我国豆科植物和根瘤菌进行调查,占有大量第一手资料。这样才能不断分析,不断总结,得出正确的答案,才能使研究不会走偏方向。'占有第一手资料'这一点非常重要,你们一定要记住。"陈院士说。

小刚抢着说:"这我知道,科学研究没有第一手资料,也得不到科学的结论呀!"

"就是有结论也不可信呀!"小燕说。

"我们这次调查的具体任务就是调查我国豆科植物根瘤菌的种类和分布,研究根瘤菌的种类和豆科植物的关系,学会采集和保藏豆科植物标本,学会田间试验的设计,学会分析和总结研究结果。任务可真不轻呢!要是能把这些研究方法都学会了,你们也是小小科学家了!怎么样?有信心吗?"陈院士笑着问他们。

"我们有信心!"

"我们有决心!"

"根瘤菌的作用我们已经有所了解,还需要认真地论证它的重要性和研究的可行性。"

3.2 重要性与可行性分析

　　根瘤菌是地球上最重要的微生物资源之一，全球每年由生物固定的氮约2亿吨，豆科植物与根瘤菌共生固氮量约占其中的70％。可见，这个研究课题前景是多么乐观。

　　豆科植物与禾本科植物及经济作物实行间作、套种、轮作时，可以为间作和后茬作物提供氮素营养，一般提供植物所需氮素的30％～60％。这样，两种植物双双可以获得高产，农民非常欢迎，这个研究课题有很好的群众基础。

知识链接

豆科植物和禾本科植物有什么区别

　　豆科植物与禾本科植物的区分，是以形态学特征为主要标准的。豆科植物是双子叶植物，叶片圆形或椭圆形，多数是对生羽状复叶，根系有明显的主根、侧根、须根之分，能与根瘤菌共生，根上或茎上长有根瘤，如大豆、花生、扁豆、紫云英、田菁等；禾本科植物是单子叶植物，叶片狭长，单叶互生，根系发达，无主根，无根瘤，如水稻、小麦、玉米等。

间作、套种和轮作

间作、套种和轮作是几种耕作制度。

间作是两种或两种以上生长期相近的作物，在同一块田地上，隔株、隔行或隔畦同时栽培，以充分利用土地肥力和光能，提高单位面积产量的耕作方式。

套种是在同一块田地上，在前季作物的生长后期，将后季作物播种或栽植在前季作物的株间、行间或畦间的种植方式。

轮作就是在一定年限内，同一块田地上按照预定的顺序，轮换种植不同的作物。

间作

套种　　　　　　　　　　　　　　　　轮作

　　我们国家正在开展西部大开发战略，在西部退耕还林、还草地区，多种豆科植物对发展西部农业和畜牧业都十分有利。这是多么好的事儿！

　　目前，由于我国农牧业过分依赖化肥，抑制了豆科植物与根瘤菌共生固氮作用。我国豆科植物种植面积大量萎缩，这是人们很关注的问题。

　　我国豆科植物资源丰富，在各种气候带、各种地形和各种土壤中都有豆科植物生长。豆科植物种类也很繁多，有乔木、灌木、藤本、草本。这些都是我国科学家开展根瘤菌调查研究的有利条件。

　　我国豆科植物育种工作已经取得了新进展，科研工作者已经收集了大量种子资源，有一批优良品种推广应用。这项课题研究因此也有了良好的种子资源和技术储备。

3.3 陈院士的两点要求

陈院士和蔼而严肃地对小刚和小燕说，为了顺利、安全、健康地完成这次考察任务，要求他们必须做到如下两点。

第一点，不能马虎。

科学是来不得半点虚假的，要用科学事实和科学数据说话，一是一，二是二，丁是丁，卯是卯，不能臆想，马虎了事。

这次野外调查带的仪器较多，有 GPS 定位仪、小掘铲、小锄头、装有干燥剂的采集管、标签纸、记录本、剪刀、镊子，等等。工人师傅会将这些仪器器材装入包装箱。他们还要随身携带照相机等。

采集管

"你们在操作的时候，一定要倍加小心呀！"

"记住了！"小燕吐了吐舌头。

第二点，不怕困难。

科学的道路是不平坦的，只有在崎岖曲折的征途上艰难攀登，才能到达理想的目的地，不能有畏难情绪和侥幸心理。我们这次调查涉及南国北疆，行程很远，跨度很大，气候多变，地形复杂，有可能会遇到沙尘风暴、干热缺水、酷暑炎热等情况。在野外调查过程中，要起早摸黑，风餐露宿。

"不能叫苦，不能叫累。你们做得到吗？"

"应该能做得到。"小刚在嘀咕自己可能会叫苦的。

"你们怕了？"

"我是男子汉大丈夫！"

"我是巾帼不让须眉！"

陈院士高兴地笑了。

　　考察第一站是到我国最西部的新疆维吾尔自治区去调查。出发前，小刚和小燕一起对新疆的地形图做了一番了解。

　　新疆是我国面积最大的省区，幅员辽阔，地形复杂。境内三条东西走向的大山脉夹着两个大盆地，北面的一条山脉是阿尔泰山，南面的是昆仑山，横亘在新疆中部的是天山，把两个大盆地分隔开来。

"我知道了，天山以南称为南疆，天山以北称为北疆。"小燕高兴地跳起来说。

"对！天山和昆仑山之间是塔里木盆地，是我国最大的盆地；天山和阿尔泰山之间是我国第二大盆地——准噶尔盆地。"小刚接着说。

"好极了，好极了！我们这次准会跑遍全新疆了。"小燕高兴地说。

"那里有火焰山，准会把你热晕过去。"小刚想吓唬一下小燕。

"没那么严重吧？"小燕还真担心起来。

知识链接

火焰山

火焰山，维吾尔语称"克孜勒塔格"，意为"红山"，绵延 100 多千米，最宽处达 10 千米，海拔 500 米左右，主峰海拔 831.7 米。火焰山为天山支脉之一，形成于五六千万年前的喜马拉雅造山运动时期。千万年间，地壳横向运动时留下的无数条褶皱带和大自然的风蚀雨剥，形成了火焰山起伏的山势和纵横的沟壑。

火焰山光山秃岭，寸草不生，飞鸟匿踪。每当盛夏，红日当空，赤褐色的山体在烈日照射下，砂岩灼灼闪光，炽热的气流翻滚上升，就像烈焰熊熊，火舌撩天，故名火焰山。

明朝吴承恩将唐三藏取经受阻于火焰山、孙悟空三借芭蕉扇的故事写进《西游记》，更增加了火焰山的神奇色彩。

4.1 在乌鲁木齐喜获甘草

充满期待的考察终于要开始了，小刚和小燕跟随陈院士登上了飞往乌鲁木齐的飞机。飞机在云中穿行，小刚和小燕惬意极了，不时地向机舱外张望，看着云彩在脚下飘动，大山、平原、河流、村庄一晃而过，他们憧憬着传奇般经历的探险。

到了乌鲁木齐机场，新疆农科院微生物研究所的叔叔、阿姨们就来迎接他们了。坐在开往农科院的越野车上，小刚见到一路上是一片片美丽的草原，一群群悠闲的牛羊，心里想，怪不得老爸在临行前告诉说，乌鲁木齐就是"优美的牧场"的意思，确实如此啊！

第二天，打包的仪器也托运到了，调查就正式开始了。

小刚和小燕换上白色工作服，带着小掘铲和记录本，跟着陈院士和农科院的几位叔叔阿姨出发了。

乌鲁木齐市位于天山北麓，是自治区首府。市内宽阔的街道纵横交错，高大的楼房星罗棋布。从天山发源的乌鲁木齐河，由南向北流过市区。

走在乌鲁木齐市郊，沿着乌鲁木齐河，他们仔细寻找着豆科植物。找了大半天也没有结果，小刚和小燕有些心急了。

"小刚、小燕，有些不耐烦了吧？"陈院士好像看透了他们心思似的，"不要心急，有时候几天找不到一棵呢。"

大家又继续走着、寻着。在河岸边，一位阿姨高兴地惊叫起来："这里有一棵！这里有一棵！"大家马上围拢过去看。

陈院士仔细看了以后说："这是甘草，是常用中药材，人们夸赞它是'中药之王'。"

"它有根瘤菌吗？"小燕急着问道。

陈院士接着说："甘草是豆科的多年生草本植物。它的主根很长很深，茎直立，一般不会超过100厘米高。你们看，全株有白色细毛，茎的下部已经木质化，小枝有棱角，奇数羽状复叶。"

一位阿姨补充说："在我们这里，甘草每年七月间开花，蝶形花冠。花有紫色、紫红色、紫蓝色的。九月结果，荚果长椭圆形，弯曲得像把镰刀似的，有褐色腺状刺。甘草喜欢生长在干燥的荒原和沙质河岸边。"

乌拉尔甘草

果实

根瘤

陈院士拿着小手锄，在甘草四周画了一个圈，说："开挖范围要大一些，不要伤着根系。"然后，叫小刚和小燕试着挖一挖，叔叔阿姨在旁边指导着。

挖着挖着，小刚用力过猛，险些连锄带人滑下河堤。幸亏身旁的一位叔叔一直在挡着小刚保护着他，好险哟！

陈院士抚摸着小刚的头说："我们挖标本时，一般地势都不好。要先蹲稳再干活。没关系，经验是慢慢积累的。"

接着那位叔叔又小心翼翼地挖着，大概挖有1米多深，才将整棵植株挖出来。陈院士叫小刚按照标签上的项目，填写好植物名称、采集地点、采集时间、用途、采集人等。他将植株小心抖掉泥沙后，挂上标签，叫小燕作好记录，并在地图上的乌鲁木齐市郊标上红色记号。

陈院士手拿植株对小刚和小燕说："你们看，它的根瘤长在须根上，主根上没有根瘤。瘤呈圆柱形，很小，外黄褐色，内暗红色。这种甘草叫乌拉尔甘草。"

小刚和小燕如获至宝，轻轻把甘草拿在手上，细心地数着根瘤。数来数去，总是数不清。

4.2 顽强的骆驼刺

越野车载着大伙儿在准噶尔盆地上奔驰，黄色飞沙像雾气似的，从车两旁飘飞而过。只有在河流的两岸，才能看见一片绿洲。大家见到有绿洲，就下车寻找豆科植物。

"天气这么干燥，降水量稀少，河流里的水是从哪里来的？"小燕不解地问。

"尽管这里降水量少，但四周是白雪皑皑的雪山，山上巨大冰川消融的雪水，形成条条河流，流进两大盆地。"一位阿姨解释说。

有了水，就形成河流，河流滋润着两岸的土地，才有了肥沃的农田，广阔的牧场，成群的牛羊。

"你们来看。"汽车停在山坡脚下，陈院士指着山坡上叫大家看。小刚和小燕走近一看，山坡上没有什么植被，只长着稀疏的小草。

陈院士指着山坡上的一棵小草说："这就是骆驼刺。它是多年生草本豆科植物，多肉又多刺。它的叶子锋利如刀，那硬邦邦的枝干，任凭风吹沙盖摧不垮，久旱不雨干不死，显示出极其顽强的生命力。"

"既然是豆科植物，我们快挖标本吧！"小刚自觉地去拿工具。

"你可要做好心理准备呀！它比甘草更难挖。"一位阿姨笑着说，"它的地上部分特别矮小，只有5~60厘米高。但它那长长的根群却能钻入地下，常常要超过30米。"

"啊——"小燕惊叫着。"我喜欢这种挑战！"小刚兴奋地说。

"这样特别强大的根系，可以到处寻找水源，增加吸水量。"一位叔叔接着说，"它的地上部分长得这么矮小，可以缩小蒸腾面积，减小蒸腾量。这样，植株体内水分收支平衡，就不愁缺水干死了。"

"它的茎秆机械组织特别发达，既不怕旱，又能抗狂风，也不怕暴露和沙埋。沙丘积多高，它就能长多高。"阿姨说，"它的根和茎直至叶片，都可以产生不定根、不定芽，当流沙覆盖它的地上部分达 2/3 高的时候，它还能生长良好，所以它是不怕沙埋的。"

　　大家一边往山坡上爬，陈院士一边又向小刚和小燕介绍说："它的叶子呈长卵形，互生，表面是绿色，背面灰白色。奇怪的是，夏天，这些叶子能分泌出黄白色发黏的糖汁，凝结后就成为白砂糖的样子。只要在地上铺张纸或布，用棒敲打几下骆驼刺，叶上的糖粒就会纷纷落下，收集起来可作药材。"

　　陈院士选定一棵骆驼刺，划定开挖范围，并再三嘱咐小刚和小燕要小心。大家挖了很深很深，才把整棵植株挖起来。他们抖干净植株的泥沙，许多根瘤就露出来了。

　　陈院士指着根瘤说："瘤着生在表土层须根上，幼嫩根瘤为球形，成熟根瘤为柱形，黄褐色。"

　　小刚和小燕分别填好标签，作好记录，在地图上作好红色标志。

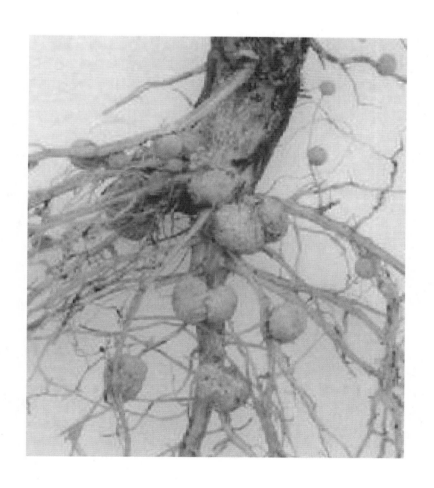

4.3 骆驼和骆驼刺

当大家刚收拾好东西，准备动身前行时，小燕听见有驼铃响。循声望去，一支驼队正朝这边走来。

"是骆驼！骆驼队来了！"这是他们第一次见到骆驼队。

"那里！那里！"小刚站起身来看，顺着小燕指的方向望去："是的，是的！"小刚也高兴得跳起来。

小刚和小燕在动物园里看见过骆驼，今天在大漠深处亲眼见到骆驼队，怎么不引起他们发自内心的兴奋呢！

"你们今天有眼福。"一位叔叔说，"骆驼队在北疆很少见到，在南疆就可以经常看见，在沙漠中长途运输或进行科学考察，就离不开骆驼，人们亲切地把它称为'沙漠之舟'。"

说话间，驼队已走到了身边。

"一头，两头，三头……一共有六头骆驼！"小燕数着说。

"你们看，驼峰这么高，驼脚这么大，身躯这么强壮。"小刚一边用手比划着一边说。

小燕站在一旁直咂嘴，惊叹骆驼的本领真了不起！

"骆驼一般高2米，长3米，体重500千克左右，有高大的身躯，强壮的体力。它们的生命力也很强，跟骆驼刺一样，能适应沙漠戈壁恶劣的自然环境。"叔叔给两人介绍着。

"骆驼刺与骆驼有什么关系呢？"小燕突然问道。

陈院士说："骆驼刺是骆驼的好饲料，骆驼离不开它，所以叫骆驼刺，50千克干骆驼刺，可以顶得上40千克玉米呢，是沙漠中最好最有营养的饲料。"

小燕回过头来看看骆驼刺，用手摸摸骆驼刺坚硬的刺和坚硬的茎，疑惑地问："这么坚硬的刺，骆驼能咬得动吗？"

叔叔笑着说："骆驼有一套特殊的本领，它具有特殊的口腔和唇部，可以采食坚硬带刺的灌木。它们的驼峰里可以贮存大量的养料，胃里能贮存大量的水分。骆驼可以一次饮水100千克左右，而且，它还能将尿液反复循环，重新利用。因此，骆驼能够在沙漠中忍饥耐渴，长途跋涉。"

"骆驼刺是这里山坡上唯一的植物，很珍贵，对西部地区大开发，发展农业和牧业都是很有价值的。"

陈院士接着告诉小刚和小燕做好思想准备，明天到"火洲"吐鲁番考察。

"真的要去火焰山啊！"小燕兴奋得尖叫起来。

吐鲁番是我国地势最低的地方，是世界上仅次于最低的湖——死海的第二低地，吐鲁番就是"低地"的意思。吐鲁番也是我国最热的地方，曾经记录到49.6℃的全国最高气温，所以人们称其为"火洲"。

4.4 来到"火洲"吐鲁番

越野车从乌鲁木齐市出发，朝东方行进。一路上，见到的是一排排高大的胡杨树和一些不知名的灌木杂草。

在车上，叔叔讲起了胡杨林的故事。

胡杨是一种古老的树种。它长得又高又大，最高的有 20 多米。可别小看这种树，它的全身都是宝呢，树干可以用来盖房、建桥、造纸、做家具；树叶可以用来做饲料，家畜很爱吃；奇怪的是，它的树干里含有大量的水分，把树锯倒时，能喷出 1 米高的黄水！喷出来的水凝结后，可以食用，也能提取出洗衣服的胡杨碱。

叔叔提高嗓门说："它那庞大的根系，深深地扎在地下，把土壤牢牢地锁住。胡杨林形成的林带，可以阻挡风沙对农田的侵袭，是治服风沙的法宝。"

"胡杨林真了不起！"

叔叔自豪地说："世界上最大的胡杨林，就在我们这里！"

听着故事，不知不觉快到"火洲"了。

小刚和小燕高兴极了，心仪已久的"火焰山"就要见到了。

叔叔说："'火洲'过去是荒凉的沙漠。新疆生产建设兵团和新疆各族人民团结一心，艰苦创业，斗沙治沙，栽树种草，才有了今天'火洲'上的绿洲。"

阿姨风趣地接着说："胡杨、红柳、甘草、野麻、芦苇、沙拐枣、骆驼刺等植物连片生长。野鹿、羚羊、灰兔、沙鼠在那里奔跑，成了动植物的乐园。"

还没有到吐鲁番，小刚和小燕就感觉到热得透不过气来。

阿姨说："你们看碧绿的瓜园和果园！这里是全国闻名的'瓜果之乡'。

灰兔

沙鼠

这里出产的哈密瓜，品种多，个儿大，色彩有的金黄，有的墨绿，散发着诱人的香气。"

"还有无核葡萄，不但没有核，而且特别甜，用它制成的葡萄干、葡萄酒，更是驰名全国。"叔叔补充说。

4.5 制作豆科植物标本

到了吐鲁番农科所，稍事休息，大家带上事先准备好的干粮和矿泉水，就开始调查了。陈院士带着大家在田边、路旁、山坡、荒漠、草甸、林缘，一处一处地寻找。小刚和小燕紧紧跟在陈院士后面。

在一条水渠边，陈院士高兴地叫大家过去看。原来她发现了一棵苦马豆，原来还没有人在吐鲁番采到苦马豆呢！"我们好好地把它挖出来，制作成标本。"陈院士招呼大家。

大家细心地开挖了。一边挖，陈院士一边讲："它是优质的绿肥植物，生长茂盛，根系很深。"

大家把整棵植株挖起来以后，陈院士又指着根瘤说："你们看，它的瘤长在表土层的侧根上，呈扇形或柱形，黄白色。它的固氮活性很高。"

苦马豆

① 在夹板上铺上吸水纸，上面摆好植物。

② 捆紧。

③ 在阳光下晾晒。

④ 换纸。

植物名称：_____
采集地点：_____
采集日期：_____
采集人：_____
生态环境：_____

⑤ 装好标本，贴上标签。

制作标本时，首先把夹板打开，铺上吸水纸。再把苦马豆铺放在上面，加以修整，把卷曲的枝叶拉开，多余的枝叶剪截，倒立的枝叶翻转，较大的枝条弯折，相同的枝叶反复折叠。如果根瘤大，还必须轻轻地切开摆平，以不失原来形状为原则。然后盖上吸水纸 8~10 张，夹好夹板，再用粗绳捆紧。

小燕说："制作标本这么简单。"

一位阿姨说："这才是第一步呢。"

第二天，将夹板放在有日光并通风的地方晾晒。以后每天更换吸水纸并随时加以整理。第三天换纸后，可用石头等重的东西压上去，然后捆紧，放在阳光下，让水分迅速蒸发，以免变色或发霉。一个星期后就不用晾晒了。

"这算完成了吧？"小燕问。

"还没有呢。"阿姨接着说，"标本干燥后，放在质地较硬的白纸上，安排好标本摆放位置，然后用线订牢，并在背面打结。如果有脱落的根、茎、果实、种子，要用胶水把它们贴在纸上，最后罩上一层透明纸。"

"小刚、小燕，还有一件非常重要的事，你们还记得吗？"陈院士问。

小刚和小燕抓着头皮，想来想去，想不出来。

陈院士指指小刚的手。小刚看着自己手里捏着的标签笑了，不给标本贴上标签，以后就不记得它叫什么、在哪里采集了。小刚赶紧把苦马豆的名称、产地、用途、采集时间、采集人一一填上。

"阿姨，远处一堆一堆土垛作啥用的？"小燕望着远处问道。

"你们想不到吧，"阿姨意味深长地说，"这里茂盛的豆科植物，成片的碧绿牧草，就靠那一堆一堆的土垛，它叫坎儿井，是吐鲁番独特的灌溉水系。"

阿姨给小刚和小燕讲起了坎儿井的故事。

吐鲁番盆地虽然气温这么高，气候这样干燥，地下却蕴藏着极其丰富的水资源。怎样利用地下水呢？这儿的各族人民，在长期的生产实践中，发明了这种特殊的灌溉方式。坎儿井由暗渠、明渠和竖井组成。找到苦马豆的那条水渠就是明渠。

远处地上排着一个个像火山口的土堆，都是坎儿井。吐鲁番盆地共有 1 100 多个坎儿井，如果把它们连接起来，总长度超过 3 000 千米，比北京到杭州的大运河还要长呢！

"坎儿井真了不起啊。"小刚和小燕赞叹道。

　　小燕捆好标本，低声地问阿姨："阿姨，火焰山在哪里？"

　　"我们站在这个位置最好观察火焰山了。"阿姨指着北面一座山峰说，"你们看那座山。山体由红色砂岩组成，到了盛夏，在强烈的阳光照射下，红光闪耀，如烈焰升腾，山上砂石表面温度高达82℃以上，可以在上面烤熟面饼和鸡蛋。"

　　"那就是火焰山？我看到火焰山了！"小燕望着那座山高兴地跳起来。

4.6 根瘤的采集与保鲜

休整了一天，小刚和小燕忙着整理日记，把几天来的所学所见所闻所想，一一记在日记本上。两人又交换了心得体会，谈了各自的想法和看法。

这天又要出发了，是到石河子市去调查。

大清早，陈院士和大家坐上了科考越野车，朝乌鲁木齐市西北方向行进。

汽车在沙路上奔驰，两条黄龙从汽车尾部扬起，沙尘挡住了视野，司机放慢了车速。

叔叔告诉小刚和小燕，这里过去是寸草不生的戈壁沙漠，新疆生产建设兵团进驻之后，年复一年地坚持治沙造林，一棵棵胡杨、红柳才顽强地向沙海延伸，再延伸。这些绿树林带，都是兵团人一代接一代栽种培育起来的。

两人对兵团的人感到无比敬佩！

突然汽车停住了。司机说风沙来了，请大家镇静，不要慌张。说时迟那时快，一股沙尘扑面而来，盖在车上。小刚和小燕第一次遇到这样的风暴，不敢吭声。一阵飞沙扬尘遮住了太阳，天昏地暗，非常吓人。

小刚往车窗外望去，隐约看见前面沙丘上有一位老人被沙埋了。"赶快去救人！赶快去救人！"小刚在车上喊叫起来。

"不用急，不用急。他是塔克拉玛干人，他们对付风沙有经验，风来了，就马上卧倒，防止被风暴卷走。"

果然，不一会儿，风暴停息了，太阳又出来了，火辣辣的，热气逼人。那位老人从沙堆里爬起来，抖掉身上的沙子，挪动着前行。

车子却开动不起来，司机加大油门，冲了几次都未成功，轮子直打滑。大家只好下了车，在车子后面推，四轮打滑旋起的沙粒，直扑身上脸上，像针刺似的痛。

大漠深处，找不到一块石头和木头，急得司机满头大汗，脱下自己的衣服，把衣服塞在轮胎下，这样试了几次，才算从沙坑中开了出来。大家长长地吁了一口气。

汽车继续前行，隐约可见远处的高楼。阿姨说："那就是石河子市，兵团人已经在沙漠边缘，建起了石河子、五家渠、阿拉尔和图木舒克四座军垦新城。"

汽车艰难地行进了一段时间，一座新兴城市就在眼前。绿树掩映，高楼错落有致，街道整洁宽敞，行人来来往往，见不到沙漠城市的迹象。汽车拐了几个弯，来到了石河子农学院。

简便的午饭后，也顾不上休息，陈院士和几位老师带着大家到城外的碱性沙漠地考察去了。

大家仔细地寻找着，一直找到沙漠边缘。一个叔叔发现了一株新疆野豌豆，陈院士叫小刚和小燕去辨认。他们俩左看右看，辨认不出来。老师们在一旁笑着，也不吭声。

"这是野豌豆，是一种优质牧草。"陈院士一边告诉他们，一边指导他们开挖。大家一起帮忙挖了好一阵子，才把野豌豆整棵植株挖了起来。野豌豆根系上的根瘤很多，主根侧根上都有。

陈院士取出事先准备好的装有干燥剂的采集管，分别交给小刚和小燕。

"将采集管带到田间地头，可以及时将根瘤储存起来，比较容易提纯，分离率也高。"陈院士对着几位老师说。

陈院士教小刚和小燕采集根瘤的方法：轻轻地将根瘤从野豌豆根系上剪下来，装入采集管里，盖好盖，这是短时期根瘤保鲜法，带回实验室后要尽快处理。

小刚和小燕按照陈院士的要求，全部操作了一遍，陈院士十分满意。

▲野豌豆

　　豆科野豌豆属。野豌豆是匍生，高
30～60厘米，小叶卵形，对生。淡
黄绿色覆瓦状花；分布于草地、灌木丛
和沙地之中。

　　可以全草入药。夏季采，晒干或鲜
用。根可以生吃，煮熟后味道更好。

野豌豆根瘤

4.7 一个根瘤菌新属的诞生

　　为了挖掘新疆地区生物固氮资源，寻找抵抗恶劣条件强的豆科根瘤菌，陈院士和新疆农科院微生物研究所的老师们，将采集到的根瘤带回实验室进行分离鉴定。结果表明，这些菌株的菌体形态、菌落大小、形状、菌体染色和菌落吸色反应，都与一般根瘤菌相同；按生长速度分也分快生型和慢生型两大类群。

　　他们又将在新疆地区采集到的豆科根瘤菌进行生理特性测定。测定结果令大家万分惊喜：新疆根瘤菌与一般根瘤菌，有许多不同之处！这可是个重大发现啊！

　　"小刚、小燕，你们快来看。"陈院士打开培养箱，叫他们去看培养结果，说，"它们在 39 ℃下还能生长，而且生长情况还比较好。"

　　陈院士进一步向他们讲明道理：一般认为根瘤菌正常生长的温度是 26 ~ 28℃，除与苜蓿共生的根瘤菌外，其他的根瘤菌不耐 39 ℃高温。

　　"为什么新疆的根瘤菌能耐高温？"小燕问。

　　"你忘了火焰山了？新疆热嘛！"小刚恍然大悟地说。

　　"对！不同环境下生长的根瘤菌，能产生变异。新疆地区常年干旱，气温变化剧烈，北疆的绝对最高温平均在 30 ~ 40 ℃，南疆为 40 ~ 45 ℃。加上新疆地形复杂，造成巨大垂直气候带和许多特殊的局部气候。长期以来，根瘤菌适应了这种特殊环境。"陈院士解释说。

　　陈院士带着他们继续观察培养结果，突然，又有什么新发现似的，陈院士高兴地说："奇怪得很，新疆的根瘤菌，无论是快生型还是慢生型，在培养基上培养，都能产生酸。"

　　"这又有什么奇怪的呢？"小燕问。

　　"一般认为快生型根瘤菌产酸，慢生型根瘤菌产碱。"陈院士思考了一下说，"新疆地区的慢生型根瘤菌，也能产酸，这表明它们的代谢途径不同于一般慢生型根瘤菌。这可能是为适应新疆地区碱性土壤的结果。"

 知识链接

快生型细菌和慢生型细菌

细菌生长的倍增时间为 2 ~ 4 小时，这类细菌为快生型细菌；细菌生长的倍增时间为 9.5 ~ 14 小时，这类细菌为慢生型细菌。倍增是指细菌生长一变二、二变四、四变八的成倍增长。根瘤菌有快生型的，也有慢生型的。

知识链接

什么是菌落

菌落一般指单个菌体或孢子在固体培养基上生长繁殖后形成的肉眼可见的微生物群落。各种微生物的菌落特征常有不同，可供鉴定微生物参考。例如 a － 根瘤菌菌落形态一般为圆形、乳白色、半透明，边缘整齐，有或多或少的黏液；β － 根瘤菌的菌落颜色则为暗黄色。

"新疆根瘤菌还有一个特殊的性能。"陈院士拿着斜面培养基对他们说，"新疆根瘤菌能在含盐 2 % ~ 4 % 的培养基上生长。一般认为除苜蓿根瘤菌外，无论是快生型还是慢生型根瘤菌，均不能在含盐 2 % 的培养基上生长。"

"新疆的根瘤菌怎么有这么多与众不同呢？"小刚抓着头皮在想。

"其实这也并不奇怪。新疆的土壤，明显地受着强大干旱气候和地质地貌的深刻影响，基本上属于干旱沙漠土壤，荒漠土壤又普遍盐化、碱化，盐土含量都在 2 % ~ 5 % 或更高。在广大荒漠土壤上，植被稀少，土壤中的腐殖质含量极低。这些不良的气候及土壤条件，使野生生物具有很强的抵抗恶劣环境的能力。"

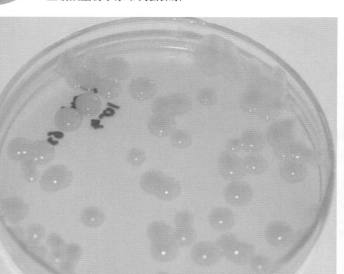

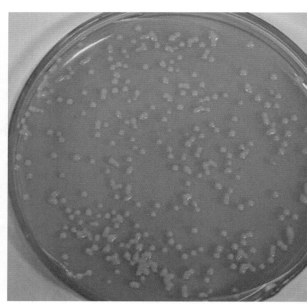

快生大豆根瘤菌产酸   慢生大豆根瘤菌产碱

"新疆根瘤菌有这么多特殊本领，真了不起！"小刚夸赞道。

"这些新疆的菌株，应该是一个新的根瘤菌种！"陈院士胸有成竹地说，"这个新的根瘤菌种，是在我国新疆土地上发现的，我们就命名为'新疆中华根瘤菌'，好不好？"

"好，好，太好了！"小刚和小燕及在场的叔叔阿姨们都表示赞同。

陈院士继续向他们介绍有关根瘤菌研究的一些情况。

过去一直认为，大豆只与慢生大豆根瘤菌结瘤固氮。20世纪80年代初开始，科研界不断传出新的信息，从中国土壤和根瘤中分离出快生大豆根瘤菌，引起国内外同行的广泛兴趣。经过对该菌生理、生化等一系列测定分析，证明这类菌不同于已知的根瘤菌。

陈院士实验室在1985～1986年，收集当时研究较多的34株大豆快生根瘤菌（包括在美国研究的11株），用25株不同种、不同地区来源的根瘤菌作参照对比，采用241个编码特征平均连锁方法，用电子计算机进行数值分类，结果证明快生大豆根瘤菌自成一群，既不同于快生根瘤菌属，又不同于慢生根瘤菌属。通过参考其他一些研究结果，陈院士提出应该建立一个根瘤菌新属。因为菌株当时只发现于中国，故命名为中华根瘤菌属。当时，被国际同行誉为发现根瘤菌新属的首创性工作。

一个新的根瘤菌属诞生了！

现在，中华根瘤菌属包含11个种，是仅次于根瘤菌属的第二大属。

4.8 摸清新疆豆科植物和根瘤菌的家底

研究根瘤菌分类，为根瘤菌编家谱，必须要摸清两个家底：一个是豆科植物家底，一个是根瘤菌家底。陈院士向小刚和小燕介绍，他们率先在新疆摸清了两个家底。

陈院士及这个项目的研究人员在新疆调查豆科植物根瘤菌，经历了六年时间。陈院士在主持召开阶段性总结会议时说，我们与新疆农科院微生物所合作，调查了新疆 76 个县、69 个农林牧场和 87 个兵团农场的豆科植物根瘤菌资源，进一步摸清了豆科植物根瘤菌的家底。我们从高山、峡谷、荒漠、盆地、河湖沿岸等生态环境中采集到豆科植物标本 223 份，其中 37 个属 123 个种结有根瘤，从中分离得到了根瘤菌。有 55 种能结瘤的豆科植物是国外尚未记载和报道的，是我们首次发现的。它们是开展生物固氮和遗传工程研究的珍贵材料，应该保护和挖掘祖国这一重要资源瑰宝。

这新发现的 55 种有结瘤能力的豆科植物发表于《中国农业科学》杂志上，引起了国内外同行们的强烈反响。

"真了不起，陈奶奶他们多辛苦啊！"听了陈院士的介绍，小刚和小燕啧啧私语。

新疆豆科植物的家底摸清了，根瘤菌的家底还需要摸清楚。陈院士和新疆农科院微生物所的老师们，后来又深入到北疆乌鲁木齐附近、105 团农场、吐鲁番、达坂城、昌吉县、新湖农场、石河子农学院农场、天山南山等地，进行了豆科根瘤菌的采集，共采集并分离到 40 株不同属或同属不同地区的豆科植物根瘤菌。这些豆科植物有野生的，有栽培的，有草本的，有灌木的，也有乔木的，非常珍贵。

在那次总结会上，陈院士还提出了几点新认识：

1. 新疆地区豆科植物根瘤菌中，有不少具有较强的抵抗恶劣环境的能力和较高的固氮水平的根瘤菌，这是极其宝贵的生物资源，也证明我国是生物多样化极其丰富的国家；

2. 根瘤菌有一般的共性，但不同的环境条件能使根瘤菌演变出一些特异性，因此广泛采集不同地理环境中的豆科根瘤菌，是根瘤菌分类中必不可少的工作；

3. 豆科植物与根瘤菌共生，在促进固沙植物、牧草和食用植物的发展，以及提高土壤肥力等方面，都起着非常重要的作用。

我们在调查中发现，某些地区栽培的大豆及紫花苜蓿的植株完全无根瘤。如果给它们接种抵抗恶劣环境能力强的根瘤菌，会对新疆地区的牧草改良、固沙豆科作物的生长、土壤氮素的增加，都会有重要意义。

接种优良根瘤菌的方法是将根瘤菌剂伴施在无根瘤菌的大豆或紫花苜蓿地里，这样，施在泥土里的根瘤菌，就会与大豆或紫花苜蓿的根系共生，在根上结瘤，固定空气中东游西荡的游离氮气，供大豆或紫花苜蓿生长需要的氮素营养，使原来不结根瘤的大豆或紫花苜蓿也能结根瘤，变成有根瘤的豆科植物。

这次在新疆地区采集和分离的根瘤菌菌株，分别按快生型根瘤菌和慢生型根瘤菌的特性分析结果，列成表格，一目了然。后来，陈院士将整理撰写的论文连同表格，发表在《土壤肥料》杂志上，在同行和学术界反响很大。

在新疆地区摸清了豆科植物和根瘤菌两个家底，为根瘤菌的分类研究打下了很好的基础。

通过这次调查，小刚和小燕学到了许多知识，了解到进行科学研究，要进行资料的收集、整理、归纳、分类，要提出新观点，撰写论文，在学术刊物上发表和交流论文。

新疆的调查研究告一段落了，陈院士又将带领他们踏上新的征途。

无根瘤的大豆

接种

有根瘤的大豆

5 调查海南豆科植物根瘤菌

在乌鲁木齐机场候机室，小刚和小燕从叔叔阿姨那儿得知，乌鲁木齐还是我国西部的"空中门户"，这里的航线不仅连通国内各大城市，飞往中亚、西欧和非洲的国际航线也从这里经过。

今天天气晴朗，从飞机的舷窗，他们看到在海天相接的地方隐隐约约有一片起伏的山峦，乘务员告诉大家，目的地——海南岛就要到了。

海南岛是我国的第二大岛，也是我国最年轻的一个省份。

5.1 考察海南省根瘤菌资源

出了机场，海南热带植物所的老师来接他们了。一路上，蓝天、碧海、椰树、白帆……南国风光与西部完全不同，那种灰蒙蒙、黑暗暗的天气不见了。空气格外清新，令人心情十分舒畅。

这次到海南的任务，主要是考察根瘤菌资源，最后要通报全国根瘤菌资源调查采集的情况。

时间抓得很紧，第一天他们就开始行动了。陈院士和老师们带着他们爬五指山，登尖峰岭，寻找豆科植物，挖掘采集根瘤。这些工作，因为陈院士在新疆就已经教过他们了，所以小刚和小燕操作起来，都很得心应手。

面对这里的热带风光，小刚和小燕感到很新鲜、很奇妙。

远远望着五指出，只觉山峰突兀，形状像五指擎天，山高崖陡，云雾缭绕，山间林木繁茂，奇花遍野，风光奇秀。五指山周围，热带林木郁郁葱葱，开辟有许多种植园，种植着橡胶、胡椒、菠萝、甘蔗等。特别是处处生长的挺拔秀丽的椰树，更使这里的田野村舍，呈现出一派热带风光。

海南热带植物所的阿姨介绍说："五指山市是一座独具魅力的山地花园城市，是海南中部少数民族聚居地，她是海南的象征。"

叔叔接着说："五指山，有独特的热带自然景观，有独特的气候条件，还有独特的民族风情，因此闻名遐迩，游人不绝。"

小刚和小燕听了叔叔阿姨的介绍，感到心动神往，爬着山都不觉得累！陈院士是上了年纪的人，看见她爬起山来，一点儿也不怕劳累，小刚和小燕更是受到鼓舞，干起活儿来更加有劲了。

看到两位小朋友很有兴致地爬山，陈院士欣慰地对他们说："小刚小燕，你们爱科学，爱劳动，爱祖国，真是好孩子。"

"谢谢陈奶奶夸奖。"

"小刚，我们在海南采集的豆科植物根瘤菌，与新疆地区采集的好像完全不同吧？"小燕疑惑地轻声对小刚说。

"我也有这种感觉。"小刚回答。

　　小燕听到小刚也有这种看法，连忙就去问陈院士："陈奶奶，为什么海南的豆科植物与新疆的不同呢？"

　　陈院士笑笑说："豆科植物是植物界的一个大科，目前，世界上已经知道的豆科植物大约有 750 属，近 2 万个种呢！我国已经知道的有 172 属，1 485 种。品种这么多，南方和北方是有区别的。"

　　大家说说笑笑，也不觉得劳累。几天下来，收获不小，共采集分离到 59 株根瘤菌，来自蝴蝶豆、野百合、猪屎豆、绿叶山蚂蝗、假木豆、波状叶山绿豆等豆科植物。

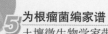

▲野百合

　　野百合是豆科蝶形花亚科野百合属一年生草本植物，单叶，线状披针形，背面密被长毛，花冠蝶形，紫色或淡紫色。

　　全草入药，有散积、消肿的功效，近年来还用作抗癌药。

◀ **猪屎豆**

　　为豆科多年生草本或直立矮小灌木，三出复叶，总状花序顶生，有花 10 ～ 40 朵。

　　茎和根可供药用，有散结、清湿热等作用。现代临床试用于抗肿瘤效果较好，但猪屎豆种子和幼嫩枝叶有毒。

绿叶山蚂蟥

多年生草本植物，主根入土较深，侧根发达，茎粗壮，匍匐蔓生或缠绕，三出复叶，叶面有微红棕色或紫红色斑点，总状花序，淡紫色或粉红色。

营养成分含量相当高，为良好的动物饲料。

▲ 蝴蝶豆

豆科距瓣豆属中的一个种，多年生草质藤
本植物，三出复叶，总状花序，每一个花序有
花 3～6 朵，淡紫红色。

可以作为胶园、油棕园及牧场中的覆盖作
物，兼作绿肥、牧草。

▲假木豆

豆科假木豆属灌木，三出复叶，花序腋生呈
头状，有多数花，花冠白色或淡黄色。

可作药用，具有祛风除湿、清热解毒、化瘀
止血的功效。

▼**波状叶山绿豆**

豆科山绿豆属的一个种，可作牧草。

陈院士和叔叔阿姨们选择 38 株根瘤菌进行了详细的分类研究，全部实验共测定分析了 236 项性状。

"分析结果怎么样？"小燕急着问。

陈院士说："分析结果表明，海南根瘤菌有慢生菌群和快生菌群，它们之间差异较大。海南慢生菌群寄主专一性不强，不同属豆科植物之间交叉结瘤情况很普遍，比如蝴蝶豆、糙毛假地豆、野百合、黄檀、木蓝、豇豆、葛属等都可以交叉结瘤。"

"这是为什么呀？"

"从结瘤情况说明，海南慢生菌之间关系密切，相似程度高，亲缘关系比较近，这对分类很有帮助。"陈院士说。

"海南快生菌呢？"小刚接着问。

"海南快生菌群则和慢生菌完全不同，快生菌差别明显，在分类地位上相差甚远。"陈院士说。

陈院士问两人："小刚、小燕，你们累不累？"

"不累，不累。"小刚和小燕回答。

"真不累？那我们明天到三亚市去。"

"好，好！"小刚和小燕虽然有些疲惫，却顿时精神倍增。

海南快、慢生菌性状差异图表

			海南慢生菌	海南快生菌
碳氮源	苦杏仁苷	Amygdalin	-	+
	卫矛醇	Dulcitol	-	+
	乳糖	Lactose	-	+
	草酸钠	Sodium oxalate	-	+
	蔗糖	Sucrose	-	+
	水杨苷	Salicin	-	+
	尿酸	Uric acid	-	+
	糊精	dextrin	-	+
	D-精氨酸	D-Arginine	-	+
	DL-精氨酸	DL-Arginine	-	+
	D-谷氨酸	D-Glutamic acid	d	+
	L-组氨酸	L-Histidine	-	+
	DL-鸟氨酸	DL-Ornithine monohydrobromided	-	+
	D-色氨酸	D-Tryptophan	-	+
	L-苏氨酸	L-Threonine	+	d
	DL-天冬酸	DL-Asparagine	d	+
	D-酪氨酸	D-Tyrosine	-	+
	DL-半胱酸	DL-Cysteine hydrochloride	d	+
	组氨酸	Histidine mono HCl	-	+
抗生素	金霉素	25 μg/mL Chlortetracyclinum	+	+
	新霉素	25 μg/mL Neomycin	+	d
	强力霉素	1 μg/mL qianglimycin	+	+
	强力霉素	10 μg/mL qianglimycin	+	d
	强力霉素	25 μg/mL qianglimycin	+	d
	链霉素	20 μg/mL Streptomycin	d	+
	土霉素	10 μg/mL Terramycin	+	d
	土霉素	30 μg/mL Terramycin	+	d
	四环素	5 μg/mL Tetracycline HCl	+	+
	四环素	20 μg/mL Tetracycline HCl	+	+
	四环素	40 μg/mL Tetracycline HCl	+	d
染料	溴酚蓝	0.10% bromophenol blue	-	+
	溴酚蓝	0.05% bromophenol blue	-	+
	碱性菊橙	0.10% Chrysoidine	-	+
其他	pH 值 4.5		-	+
	pH 值 9.0		-	+
	亚甲蓝还原	Methylene blue reduction	-	+
	石蕊牛奶碱	Litmus milk alkali production	+	+
	石蕊牛奶胨	Litmus milk peptonization	-	+
	BTB 产酸	BTB acid production	-	+
	BTB 产碱	BTB alkali production	+	-

5.2 紫云英根瘤菌的多样性

　　在家里，爸爸就向小刚介绍过，海南岛最南端三亚市的西南部海滨，巨石峥嵘，白浪滔天，海天一色，景色极为壮观。过去人们以为那里是陆地的尽头，因此称之为天涯海角，并在海边巨石上刻有"天涯""海角"等字样。

　　三亚市的叔叔阿姨们介绍说，这里地处热带，林木茂盛，灌木丛生，人工栽种的椰子树，成行连片地挺立在海滨。在严冬时节，我国大部分地区正是冰天雪地之时，这里却是温暖宜人，春意盎然。

在三亚，他们主要考察紫云英根瘤菌。紫云英又叫红花草，两年生草本豆科植物。原来仅分布于我国，后来传到日本、朝鲜。紫云英根粗壮，茎直立或匍匐，分枝多，奇数羽状复叶，总状花序近伞形，花冠紫色或黄白色，是我国长江流域以南水稻区的主要绿肥作物和蜜源作物。紫云英是优质有机肥料，既能提高土壤肥力，疏松土壤，又能减少地面蒸发，蓄水保墒，同时还能抑制杂草滋生。

紫云英根瘤菌是我国特有的生物固氮资源，它具有严格的互接种族关系，就是说，在同一类群豆科植物中，可以互相利用同一根瘤菌形成根瘤，这一类群植物就是互接种族。紫云英根瘤菌则只有在紫云英根上才能结瘤，这是它的特异性。同一块田里、同一种豆科植物、不同的植株，根瘤菌菌株是多种多样的。同一株紫云英的分菌株是否也存在差异呢？陈院士说，研究这个问题，对根瘤菌的分类很有必要。

陈院士带着大家一同来到紫云英田里，只见成片成片的紫云英，翠绿色的叶片，紫红色的花朵，交相辉映，就像铺上一层整齐的花地毯，美极了。

紫云英植株

按照陈院士的指点，在大家的帮助下，小刚和小燕接连挖了好几株紫云英，经陈院士挑选，选中了结瘤比较多的一株。

在实验室里，陈院士他们一起小心地将那株紫云英洗干净。然后叫小刚和小燕数清楚有多少个根瘤。小刚仔细地数了一遍，大小根瘤一共是 40 个。小燕数了一遍，也是 40 个。

接着，陈院士与叔叔阿姨们一起将每一个根瘤编号，一共编出 40 号。在接下来的几天里，大家进行了一系列的实验分析，研究它们的抗药类群、质粒数与大小、共生基因分布以及菌株共生效应。

什么是质粒

在有些细菌的细胞里，虽然寄生了病毒，但它们能和平共处，互不为害。在细菌的细胞里，还有另一种类似病毒遗传物质的东西存在着，也不为害细菌，它就是质粒。质粒的种类很多，绝大部分存在原核生物里。它们在结构上有一个共同点，都是环状的 DNA 分子。它与病毒的 DNA 分子不同：第一，它不会指导细胞产生类似病毒的蛋白质；第二，它离开细胞，不会用蛋白质的外膜来保护自己。质粒的 DNA 分子也含有遗传信息，即基因。有一类质粒含有对付某种抗菌素的基因，因此要对根瘤菌的质粒大小和多少、抗药类群、共生基因分布和菌株共生效应进行测定，可以更科学地反映根瘤菌菌株的遗传背景和生理状态。举个例子说，如果质粒里含有抗青霉素的基因，那么含有这种质粒的细菌，对于青霉素就有抗性了。

"结果怎么样呢？"小燕看到叔叔、阿姨们在整理数据，急着问。

"结果很奇怪。从同一株紫云英的根系上分离出的不同根瘤菌株抵抗各类抗生素机理非常复杂，反映出菌株的遗传背景及生理状态的多样性。"陈院士说。

"还有，"一位阿姨说，"从实验结果看出，从同一株紫云英植物分离出的根瘤菌，它们起固氮作用的基因有的位于染色体上，有的分布在共生质粒上。这一点说明紫云英根瘤菌结瘤和固氮基因的分布具有多样性。"

"这次研究更重要的成果是，我们首次发现在同一棵紫云英根系，共生固氮能力高的质粒型菌株占瘤率少，而为优势菌群（即占瘤率高）的质粒型菌株共生固氮能力并不高。"陈院士若有所思地说。

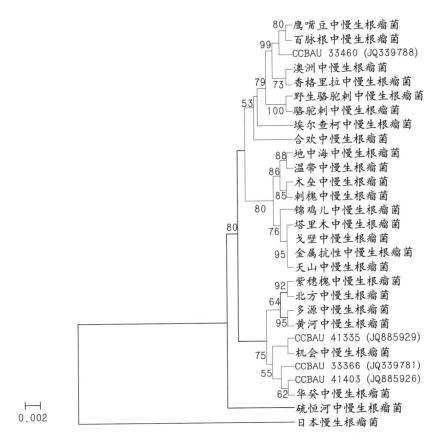

紫云英根瘤多样性图表

小刚在思考着一个问题，他思来想去弄不明白，去问陈院士："陈奶奶，为什么分离自同一棵紫云英根系上的根瘤菌会有不同性状？"

陈院士说："根瘤菌分布在土壤的各个层面，同一植株的根系被多种类型的菌株占有而结瘤。因此我们要研究如何使高效固氮能力的菌株真正成为优势菌群，这具有非常重要的生态学和实际应用意义。"

5.3 华癸根瘤菌新种的确立

这天，天气预报报道有热带风暴来临，因而没有安排到野外去作业。上午十点左右，果然热带风暴来了。狂风骤起，大雨倾盆。向窗外望去，椰子树被狂风吹弯了腰，电线杆被吹倒在路旁，路上看不见行人。

在室内，陈院士和小刚、小燕一起交谈。

"小刚、小燕，武汉大学的陈华癸院士是我大学的老师。前面跟你们说过，在我确定从事根瘤菌分类研究初期，陈华癸院士对我说，做分类要'安贫乐道'。'安贫乐道'这四个字把我的思想境界提高了一大步，它坚定了我在这条路上走下去的决心。"陈院士对小刚和小燕说。

"陈奶奶，经过这一段时间的学习，我觉得这项工作真有意义！"小刚深有感触地说。

"陈奶奶早就看到了这项工作的价值了。"小燕对小刚做了一个鬼脸。

陈院士继续说："如果要考察和研究紫云英根瘤菌，必然要了解陈华癸院士的研究。早在 1944 年，陈华癸院士最先研究了紫云英根瘤菌的共生专一性，发现它们为一种独立的互接种族，并将这种根瘤菌列入根瘤菌属的一个种。近年来，国内学者对紫云英根瘤菌的生理、生态、生化特性做了大量研究，取得了新的进展。"

好可怕的台风啊！

什么是互接种族

　　在同一类群豆科植物中，可以互相利用同一根瘤菌形成根瘤，称这一类群植物为互接种族。比如羽扁豆、大豆、豇豆族间可以相互接种结瘤，这些豆科植物就为互接种族。根瘤菌最早分类系统按"互接种族"的关系列出了22个植物属，分为7个互接种族，每族结瘤的按其优势寄主命名，比如大豆根瘤菌、豌豆根瘤菌等。

　　窗外，狂风呼啸，雷雨交加；室内，大家谈兴正浓。

　　"陈奶奶，你们实验室是从什么时候开始研究紫云英根瘤菌的？"小燕问。

　　"我们实验室从1981年开始，对紫云英根瘤菌的分类做了一系列的研究，进行了大量的测定分析和试验。"

　　"结果怎么样呢？"小燕总是迫不及待地问结果。

　　"研究结果表明：紫云英根瘤菌是一个独立的群，它不同于已有的根瘤菌各种，也不同于与豆科植物共生的其他黄芪属根瘤菌，应属于根瘤菌中的一个新种。1991年，我们发现了这个新种，并得到国际同行的认可。为了纪念我的老师陈华癸院士对紫云英根瘤菌的开拓性研究，也有别于黄芪属的其他根瘤菌，故定名为华癸根瘤菌。"

　　"原来可以用人名来命名啊！"小刚总是做恍然大悟状。

　　"等你将来发现一个病毒新种，也可以用你的名字呀！叫小刚病毒。"小燕打趣地说。

　　大家都哈哈大笑起来。

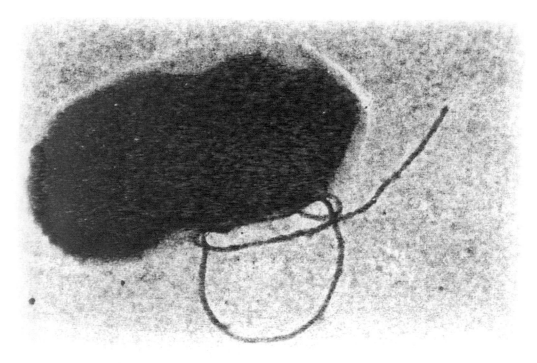

华癸根瘤菌显微照片

华癸根瘤菌，生活能力较强，营养范围较广，pH 值在 4.9~9.5 之间都能生长，为短杆状细胞，极生或侧极生单鞭毛，明显不同于一般根瘤菌的周生鞭毛。

一位叔叔介绍，依据紫云英根瘤菌及从新疆甘草、苦豆子等分离的根瘤菌的系统发育和生长特点，陈院士提出了一个新属，即中慢生根瘤菌新属。后经国际同行广泛验证，接受了这个根瘤菌新属。随着研究的深入，经常会有根瘤菌的新种出现，根瘤菌的种类还在变化。目前，中慢生根瘤菌属有 11 个种，其中华癸中慢生根瘤菌、天山中慢生根瘤菌、紫穗槐中慢生根瘤菌、温带中慢生根瘤菌、北方中慢生根瘤菌等 5 个新种，占该属现有种数近一半。陈院士发现并发表了根瘤菌的新属 2 个、新种 15 个。

"陈院士带领大家做的这项工作，为建立国际根瘤菌系统发育体系，可是做出了重要贡献呀。"叔叔说。

小刚和小燕发自内心地敬佩陈院士及这些可爱的叔叔、阿姨们。

5.4介绍全国根瘤菌资源调查采集情况

雨过天晴，太阳火辣辣的，热气逼人。

小刚、小燕跟随陈院士在海南的考察将告一段落。离开海南前，大家聆听着陈院士介绍全国根瘤菌资源调查采集情况。

陈院士首先介绍了本次的情况。她说，我们这次在海南省考察采集根瘤标本 331 份，经过鉴定，属于 61 属 142 种豆科植物。其中有 63 种豆科植物结瘤情况是过去未曾记载的，是首次发现的，包括毛相思子、灰金合欢、含羞草决明、金钱草、山蚂蝗、圆叶野扁豆、海南红豆、长穗猫尾草等。

▲ **毛相思子**

豆科植物，蝶形花科，可药用。具有
清热解毒，祛风除湿，健胃消积的功效。

◀圆叶野扁豆

豆科野扁豆属，多年生缠绕藤本，茎纤细，柔弱，微披短毛。具有清热解毒、止血生肌的功效。

含羞草决明▶

豆科决明属，一年生或多年生亚灌木状草本，偶数羽状复叶。花腋生，单生或2至数朵排列成短总状花序，花瓣黄色。

◀长穗猫尾草

豆科直立亚灌木。奇数羽状复叶，总状花序顶生，呈穗状，长达30 cm以上，先端弯曲，形似"狗尾"。有清热、止血、消积、杀虫的功效。

陈院士接着介绍说，从 20 世纪 70 年代末开始，她带领学生并组织全国同行 100 多人（次），完成全国 32 个省（市、自治区）中的 700 多个县豆科植物结瘤情况的调查。

"那么多地方，那么大的范围！怎么完成得了呢？"小燕觉得不可思议。

"这就要靠坚定的科学信念和大家的团结啊。"陈院士笑着说，"我们从这里的热带海南岛到寒带的黑龙江北部，足迹遍布中国所有的气候带和地形地势区域。我们从大大小小的豆科植物，包括草本、灌木、乔木的豆科植物中，共采集根瘤标本 10 000 多份，豆科植物涉及 100 多个属、600 多个种，其中有 300 多种植物的结瘤情况是过去未曾记载的；我们还从中分离出 10 000 多株根瘤菌，保存在菌库中。"

"保存在菌库中有什么用呢？"小刚问。

陈院士说："这些根瘤菌既是珍贵的种质资源，也是重要的基因库。在西部退耕还林还草措施中需要种植豆科牧草，我们就从这批根瘤菌中进行选种、接种，取得了很好的效果。"

"真是好办法啊！"小刚和小燕既感慨又赞叹。

"海南有一个热带植物标本园，它可是热带植物的基因库。"一个阿姨告诉他们。

"真的吗？能带我们去看看吗？"小燕迫切地问道。

"我们这儿的工作也告一段落了，就让叔叔阿姨带你们一起去开开眼界吧。"

"耶——太棒了——"

5.5 参观热带植物园

热带植物标本园，位于海南岛西北部的兴隆境内。今天，热带植物所的叔叔阿姨开着车带领他们去参观了。

一路上，小刚和小燕在低声嘀咕着："什么是热带？什么是热带植物？"这些看似很平常的问题，一旦要他们确切地回答还真说不清楚。

小燕身旁的阿姨告诉他们："地理学家按照冷热不同，把地球表面划分成几个区，靠近赤道那个区叫热带，靠近两头（极）的叫寒带，热带和寒带之间叫温带。"

接着，一位叔叔说："这些不同的地带，生长着不同的植物。热带有热带雨林带、热带草原带和热带沙漠带。这些地方生长的植物，各有自己的特点，人们管它们叫热带植物。"

植物标本园可真大呀，里面长着各种奇怪的植物，小刚和小燕看得眼花缭乱，可是他们连一种植物的名称都叫不出来。

叔叔热情地向他们介绍："这个标本园占地 200 多亩，园内按植物的类别、科属，分为热带油料植物区、热带果树区、热带香料植物区、热带药用植物区、热带林木区、饮料植物区和芒果品种区等。"

叔叔阿姨带着他们一边走，一边看，一边介绍，小刚和小燕拿出笔记本忙着做记录。

身临其境，就像置身于一座碧绿的翡翠宫殿，宫殿中蕴含着无穷的知识。在这里，可以看到来自非洲的油梨、面包树，来自大洋洲的坚果，来自美洲的大叶桃花心木，以及蛇木、铁梨本、糖棕、人心果等世界各地的热带植物。

▲鳄梨

　　鳄梨也叫油梨，樟科鳄梨属常绿乔木，是一种著名的热带水果，也是木本油料树种之一。

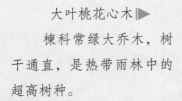　　大叶桃花心木▶
　　棟科常绿大乔木，树干通直，是热带雨林中的超高树种。

◀糖棕

棕榈科常绿乔木，是产糖"能手"。当糖棕长出花序时，采糖的人就爬上树，在花序的尖端挂一个竹筒或小水桶，用刀把花序划开一道道口子，花序中的糖汁就顺着刀口流出来并滴进竹筒或小桶里。

铁梨木▶

金丝桃科铁梨木属常绿乔木，是木质最坚硬的一种树，国家二级保护植物。

"咦？这里看不到两棵相同的树。"小燕很是奇怪。

"我发现，热带植物长得特别高大，叶子也很大。"小刚回答。

"说得对。"一位阿姨解释说，"热带植物的一个典型特点，就是树木都力图伸高自己，所以都长得高大而又整齐。"

叔叔接着说："热带树木的叶子不仅大，而且像皮革做的那样，一般都很坚硬。叶子上面还像涂了漆，在阳光下现出耀眼的光泽。"

叔叔、阿姨把小刚和小燕带到一棵树边站住，问道："小朋友，你们看这棵树上的果子像什么？"

小刚和小燕望着树上的果子，直抓头皮。

"我看像面包。"半晌，小刚才半信半疑地回答。

"对！它就叫面包树。"阿姨说。

"树上的面包能吃吗？"小燕急忙问。

"树上长的面包不仅能吃，而且还营养丰富呢。"

叔叔一边说着，一边讲起了面包树的故事：

这种树生长在印度、斯里兰卡、巴西和非洲等热带地方，它的树枝、树干，甚至树根都能结出果子，这种果子圆圆的，一个重1.5~2公斤。把这种果子在火里烤一烤就可以吃，味道酸中带甜，还有香味，跟市场上卖的真面包不差上下，所以人们把这种树叫面包树。

阿姨说："一棵面包树一年有九个月能结果，常常是这一部分果子成熟了，另一部分才刚刚结果子。这些面包果，除了当粮食之外，还可以做果酱、酿酒呢！"

叔叔风趣而认真地说："一棵面包树长出的面包，能养活两口人呢。"

小刚和小燕听得入了迷，小刚喃喃地说："这种树北方要有多好呀。"

叔叔阿姨鼓励说："你们长大去研究这种树，想办法让它也在北方生长。"

面包树

　　看着记得满满的笔记，小刚心里想，热带植物标本园真让他增长了不少知识呢，回去以后，再也不怕同学们问一些有关热带植物的稀奇古怪问题了。

　　在返回的途中，小燕忽然想起一个问题："陈奶奶，我们这次考察，好像采集的豆科植物都是草本的，为什么没有见到木本的豆科植物呢？"

　　"小刚、小燕，你们的思考很敏锐啊。"陈院士说，"豆科植物是植物界的一个大科，在豆科植物中，科学工作者目前只对不足 16% 的种做过结瘤的调查研究，其中只有 0.3%～0.5% 是研究共生关系。同时，结瘤研究通常倾向于对农业生产有重大意义的豆科草本植物，比如大豆、田菁、苜蓿、紫云英等，对乔木、灌木、半灌木状豆科植物（占总种数近一半）的根瘤菌研究较少。"

田菁

　　又叫碱青、涝豆，豆科田菁属一年生灌木状草本植物，根和茎都能结瘤，偶数羽状复叶，小叶呈线状矩圆形，上面有褐色斑点，花黄色，多有紫色斑或点，2～6 朵小花排列成疏松状总状花序。

　　田菁是一种优良的夏季绿肥作物，也可作为饲料。由于固氮能力较强，植株养分含量丰富，翻压后改土增产效果显著，特别是在低洼易涝的盐碱地区。

　　"看来今后的研究任务还大着呢。"小刚故作老成地说。

　　"是啊，科学无止境。你们要好好学习，掌握本领，一代接一代地去研究、去探索、去揭秘。"陈院士鼓励他们说。

　　就要离开海南岛了，小刚和小燕真有些恋恋不舍呢，但想到新的考察点，他们又激动不已！下一个考察点是河北省，陈院士准备对河北省豆科植物根瘤菌进行全面调查，为豆科植物和根瘤菌在该地区的开发利用提供科学依据。

　　河北省的考察工作将以北京为中心展开，小刚和小燕可以回家跟爸爸妈妈团聚了！

6 豆科植物根瘤菌资源调查及田间试验

这次调查和试验是在河北省进行的。

河北省交通便捷，铁路纵横，是我国各省区通向首都北京的咽喉要道。因此，无论乘哪条通往北京的铁路专线，都要路过河北省。

陈院士告诉他们，在河北调查，既不像新疆，也不像是海南岛，它是另外一种类型。这次要调查河北全境豆科植物根瘤菌资源状况，还要进行大豆根瘤菌接种效果田间试验。

"终于要做试验了，可以踏踏实实地在一个地方待一阵子了。"小燕对野外的考察真感觉有些累了。

"科研工作还是很辛苦吧？"陈院士问他们。

"真是辛苦！不过，苦中有乐！"小刚说。

6.1 调查线路的确定

在开始调查之前，陈院士和他们在北京参与研究的天津师范大学、天津商学院的部分师生一起，对河北省的地形、气候和植被情况进行了分析。

河北省地处祖国的北方，背倚群山，面向海洋，由东南向西北，由海洋向内陆，地势逐级上升，明显分为东南部的平原、围绕平原的西北部山地和西北角坝上高原的三级阶梯。梯级明显的地形条件及特有的季风环流，形成河北省复杂的地貌和多样的气候，使得省内各地水热条件差异呈明显的有规律变化，造就了植被分布的经纬地带性和垂直地带性，形成了以草原为主的高原植被、以森林灌木为主的山地植被和以草本植物及栽培植物为主的平原植被。

经过科学的分析，陈院士与叔叔阿姨们一共选取了 18 个县市作为调查地点。按照 18 个县市的分布状况，分 5 条调查线路：

- 天津——秦皇岛——昌黎——承德——围场——坝东
- 井陉——石家庄——平山
- 天津——静海——蓟县——兴隆
- 天津——张北——蔚县——涿州
- 肥乡——内丘——正定

这几条路线，有机会我们也要选择一条去调查。

好的，我一定参加。

陈院士一边用铅笔在地图上比画着，一边总结：依据18个调查点的气候条件，可以划分为 3 个气候带。

1. 寒温气候带

这个地带包括坝上、坝坡、坝根地区，是河北省的最北部。可分为坝东半湿润区，如围场的北部；坝西半干旱区，如张北的北部。

2. 凉温气候带

这个地带包括长城以北的绝大部分山川和盆地，可分为燕山山地半湿润区，如兴隆大部及承德县南部；太行、燕山北部较湿润区，如承德市的南部、承德县的北部；冀北山地较干旱区，如围场；桑洋间山盆地半干旱区，如蔚县。

3. 暖温气候带

包括海滦河平原和太行山、燕山南麓低山丘陵，可分为燕山南侧丘陵半湿润区，如秦皇岛、昌黎、蓟县；冀东平原较湿润区，如静海、天津；太行——冀中——滨海较干旱区，如属于太行山山地一部分的平山、冀中平原一部分的涿州；燕南半干旱区，一部分的肥乡、内丘、正定。

"仅一个河北省的气候就有这么多不同啊！"小刚感慨地说。

"陈奶奶不仅是微生物学家，也可以说是很棒的地理学家啊！"小燕对陈院士的博学真是佩服极了。

"生物的分布是与气候相关的，在考察生物的时候，需要结合气候条件进行研究。"一位叔叔告诉他们。

"我们又学到了确定调查线路和划分气候带类型的知识。"小燕对自己学到的新知识感到很欣慰。

6.2 在第四条调查线路上

　　河北全省有 3/5 的面积是高原和山地，其余是东南部的大平原。高原和山地林木参天，植物资源丰富。坦荡的河北平原，土地肥沃，气候宜人，盛产小麦和棉花。在收获季节，千里平原，麦浪翻滚，棉海如雪，更加惹人喜爱。

　　小刚和小燕跟着陈院士走第四条调查路线。他们的第一站是长城外的张北。他们从狼窝沟出了山海关，直达张北。

　　"从张北这个地名看，顾名思义，应该是张家口市以北的县吧？"小刚问陈院士。

　　"还真没想过这个问题。你的推理还是挺有道理的呀。"陈院士回答。

　　大家在张北郊区和山地调查豆科植物分布，挖掘根瘤，观察根瘤颜色和形状，测定固氮能力。挖掘办法和记录方法小刚和小燕已经操作自如了，他们现在已成为陈院士的得力助手了。两天来，大家发现和采集了 3 种豆科植物和根瘤。

　　第一种叫黄毛棘豆。它正处在开花的后期。它的须根上长有根瘤，掌状，褐红色。

黄毛棘豆

第二种豆科植物叫长叶铁扫帚。它正处于初荚期，也就是花刚凋谢不久，果实还比较小。在它的侧根上长有根瘤，球状，褐色具有白纹。

第三种豆科植物叫达乌里黄芪。它正处于盛花期，它同长叶铁扫帚一样，根瘤长在侧根上，形状为柱状，褐色。

长叶铁扫帚

达乌里黄芪

接着，他们马不停蹄地又到了下一个点——蔚县。

一天，按照操作规程，小刚和小燕，还有叔叔阿姨们一起，按照陈院士的要求，选择生态条件比较典型，植被比较茂盛，植株生长健壮的豆科植物，进行根瘤的挖掘。

挖着挖着，小燕突然惊叫起来："蛇！蛇！"小刚顺声望去，只见草丛中一条长蛇，正朝着他们的方向爬来。

绒毛胡枝子

"别怕，别怕。咱们腿上都系着绑腿呢，咬不着咱们。"陈院士将小刚和小燕紧紧楼住。不一会儿，那条蛇绕开他们，爬得无影无踪了。真是好惊险呀！一个叔叔说，蛇也怕人的，只要人不惹它，它也不轻易攻击人。

大家把整棵植株挖起来后，抖掉泥沙。小刚做记录，挂标签，小燕在地图上做标记。然后，他们将采集的根瘤冲洗干净，选取个大、新鲜，尽量是红色的根瘤装瓶，以备测定分析。

说来也巧，在蔚县郊外调查，又发现和采集了3种豆科植物和根瘤菌。

第一种豆科植物叫绒毛胡枝子，生育期处在开花后期，根瘤形状为球形，深褐色，根瘤长在须根上。

第二种豆科植物叫歪头菜，生育期正处在结荚初期，根瘤长在侧根上，形状为柱状，颜色为褐色。

第三种豆科植物叫野苜蓿，生育期为初荚期，主根和侧根上都长有根瘤，形状为球状，颜色呈粉红色。

这种豆科植物，小刚和小燕觉得好像在哪儿见到过的。

"新疆有苜蓿。"小刚拍拍脑袋。

"对啊，是优良的牧草呢。"小燕也想起来了。

歪头菜

野苜蓿

6.3 在河北调查的收获

　　5 条线路的调查结束后，陈院士和大家一起进行了总结。这次在河北不同气候带的 18 个县市中，共调查了豆科植物 24 个属 53 个种，每个种的结瘤率为 98.1 %，获得根瘤样品 235 份。在河北省境内新发现有 5 种结瘤豆科植物，它们是海边香豌豆、野百合、阴山胡枝子、山岩黄芪和辽西扁苜蓿。

海边香豌豆

阴山胡枝子

山岩黄芪

辽西扁苜蓿

陈院士说："大家在调查中还发现，某些一年生豆科植物分布的生态范围很广泛，比如各种胡枝子、苜蓿、草木樨、黄芪和鸡眼草，几乎存在于河北省境内所有的气候带。"

大家听了点点头，表示赞同。

"小刚、小燕，你们已经见过很多根瘤了，说一说它们是什么样子？"陈院士想考考他们。

小燕抢着回答："根瘤形状有球形的、柱形的和掌形的。"

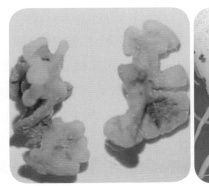 

掌形　　　　　　　　　　　　　　　　球形

柱形

"小燕概括得真好！知道它们为什么长得不一样吗？"陈院士见他们摇摇头，解释说："根瘤的形态与寄主植物有关。根瘤的大小和多少，主要与采样地点的生态环境有关。"

"原来是这样啊。"小刚又恍然大悟地说。

"从测定分析结果看，结瘤植株的固氮酶活性都处于较低水平。"一个阿姨说。

"河北全省境内的豆科植物虽然分布很广，但种类较少，需要大量繁育豆科植物；另外，要接种高固氮活性的根瘤菌菌株，这对改善河北省非种植区的生态条件是必要的。"陈院士总结说。

叔叔阿姨们纷纷说："看来加强根瘤菌接种效果试验是很有必要的。"

6.4 大豆根瘤菌接种效果田间试验

通过田间试验，可以观察结成的根瘤性状好不好、根瘤菌固氮能力强不强、农作物的增产幅度大不大。

小刚和小燕跟随陈院士来到涿州市东城果园进行大豆根瘤菌接种效果田间试验。陈院士向他们介绍，要使试验结果准确可靠，田间试验的控制要非常严格：

●要使试验有代表性，我们的种植方法、所做的处理要符合当地生产条件；

●要保证试验的准确性，在试验中所做的处理、所做的操作要尽可能做到完全一致；

●要使试验有系统性，就要有专人负责试验田的管理，定期观察调查、记录，积累资料；

●要保证试验能够发现规律性，就要进行连续试验，多点试验。

小燕吐了吐舌头："田间试验的要求可真严格呀！"

小刚的心里也打着鼓，任务相当艰巨呢！

陈院士见他们直发愣，笑了，说："这些都是做好田间试验的基本知识，你们一点儿一点儿学着做吧。"

在进行田间试验之前，陈院士介绍说，为了使田间试验更有针对性，取得更好的效果，一般先要因地制宜筛选与当地土壤、气候和主栽大豆品种相匹配的高效根瘤菌菌株。

"那怎样筛选呢？"小燕感觉难度很大。

"是不是要花很长时间筛选呀？"小刚急切地问。

"你们不要着急，我们的研究小组已经做了初步的筛选了。我带你们到实验室去看菌株筛选试验。"

实验室里，一钵钵大豆生长茂盛。

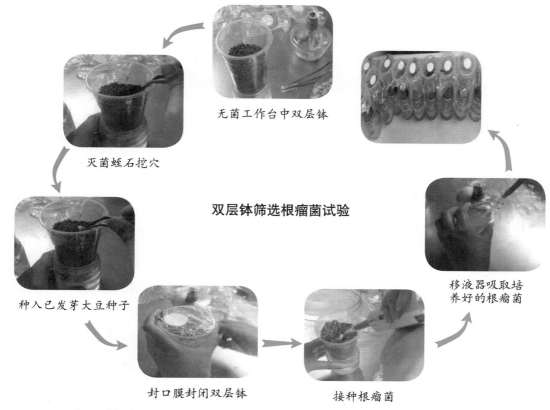

无菌工作台中双层钵

灭菌蛭石挖穴

双层钵筛选根瘤菌试验

种入已发芽大豆种子

封口膜封闭双层钵

接种根瘤菌

移液器吸取培养好的根瘤菌

"咦，这一排大豆为什么长得特别好呢？"小燕指着一排大豆惊奇地问。小刚连忙过去看："是啊，要是田里结的都是这样的大豆就好了。"

一位阿姨笑着说："这是根瘤菌高效菌株筛选实验，我们选用当地土壤，使用当地主栽大豆品种——冀豆17、冀豆12、五星一号'捕捉'根瘤菌。"

"很明显，"陈院士笑着对小刚和小燕说，"前面一排5钵长得矮小，它们是没有接种根瘤菌的；后面5钵生长旺盛的大豆是接种根瘤菌的。"

阿姨补充说："这种根瘤菌是经过采集、分离、纯化、测定筛选出来的，它的编号为CCBAU05525。"

"阿姨，怎么进行筛选呀？"小燕问。

"我来给你们介绍一下吧。"阿姨给他们介绍了大豆根瘤菌的筛选流程。

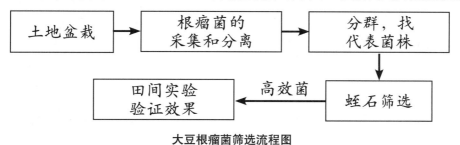

大豆根瘤菌筛选流程图

"不过，这是盆栽试验，还要进行田间小区试验来验证其接种效果。"陈院士说，"我们来一起设计田间试验方案吧。设计得好，事半功倍；设计不当，徒劳无功啊。"

在陈院士的指导下，小刚、小燕经过讨论，认真完成了田间试验设计方案。他们像交考卷似的交给陈院士检查。

陈院士仔细看过之后，连声称赞他们设计得好。

小刚和小燕的设计方案如下。

三种处理：

1. 对照。不接种根瘤菌也不施氮肥。

2. 接种根瘤菌。接种根瘤菌 CCBAU05525。

3. 施氮肥。在大豆生长的中期追施氮肥5千克/亩。

每种处理设置3个重复区。每个小区呈正方形，宽6米，长6米。四周多种两排大豆作为保护区。

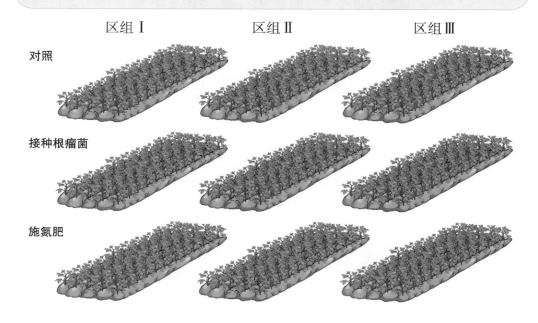

这个设计方案得到了通过，叔叔阿姨们便带着小刚和小燕来到田间。

他们先划分试验小区，每种处理需要3个小区，也就是一共9个小区。每个小区种大豆12行，其中中间8行是试验中需要观察记录的对象，其余两边各2行为保护行。

这次种植大豆使用条播的方法，需要测量种植距离，然后在每小区开好种植沟。作为对照的小区和施氮肥的小区直接向沟内撒入大豆种子，然后盖上土。

条播、撒播和穴播

农作物的播种方式，主要有条播、撒播和穴播。条播就是土地的畦面平整后，按照一定的行距开挖条沟，或者采用条播机开挖条沟，种子播入条沟内，然后覆土。适合条播的农作物有小麦、油菜、大豆等。

撒播就是畦面平整后，将种子均匀地撒在畦面上，然后覆土，也可用机耕耙覆土。适合撒播的作物主要有水稻和一些蔬菜。

穴播也叫点播，就是畦面平整后，按照一定的行距和株距，挖穴播种，然后覆土，也可用点播机点播。适合穴播的农作物有玉米、大豆等。

在准备接种根瘤菌的小区，先将菌液撒入播种沟内。撒入的量应保证平均每棵大豆获得1毫升菌液。然后撒种盖土。

以后加强田间管理，大豆出苗后，要及时进行间苗、定苗。大豆成熟时，要进行收获测产，评价根瘤菌的应用效果。

陈院士告诉小刚和小燕："田间试验需要反复做、反复验证。这个试验叔叔阿姨们已经连续做了三年，接种根瘤菌的大豆产量无论是冀豆12还是冀豆17，增产都很明显，尤其是冀豆17增产更加显著，一般都在10％以上。这些结果与实验室的盆栽实验相吻合，验证了编号为CCBAU05525的根瘤菌菌株是高效的，适合在黄淮海地区大豆种植上应用。"

2008年接种根瘤菌效果

	处理	产量（kg/亩）	增产（kg）	增产（%）	产值（元/亩）	成本（元）	毛收益（元/亩）
冀豆12	CK	177.0			796.5		796.5
	追施5kg N/亩	220.1	43.1	24.36	990.5	22.0	978.5
	接种 CCBAU05525	240.0	63.0	35.58	1079.9		1079.9
冀豆17	CK	229.8			1034.1		1034.1
	追施5kg N/亩	236.6	6.8	3	1065.6	22.0	1043.6
	接种 CCBAU05525	270.6	40.8	17.8	1217.7		1217.7

2009年冀豆17接种根瘤菌效果

处理	产量（kg/ha，平均数 ±SD）	增产幅度
大豆单作不接菌（CK）	2562.3±329.2	
大豆接种根瘤菌 CCBAU05525	2771.7±102.4	8.20%
追施5kg N/亩	2753.9±122.9	7.50%

2010年冀豆−17接种根瘤菌效果

处理	产量（kg/ha，平均数 ±SD）	增产幅度
大豆单作不接菌（CK）	3114.3±311.9	
大豆接种根瘤菌 CCBAU05525	3427.4±82.2	10.1%
追施5kg N/亩	3420.2±177.2	9.8%

"小小的根瘤菌，作用真是太神奇了，太神奇了！简直令人难以置信！"

一天，陈院士把小刚和小燕叫到身边，问他们："我们已经进行了大量的调查研究，占有了大量第一手资料。面对这么多资料，我们应该怎么办呢？"

"应该整理资料。"小刚马上接过话来。

"对。那怎样整理呢？"陈院士又问。

"这——？"小刚摸摸脑袋，摇头说，"不知道。"

"你真会省脑子呀，竟然直接摇头说不知道？"小燕抓住机会嘲讽起小刚来。

"那你说怎么整理呀？"小刚不服气地问。

"这个嘛？"小燕故作沉吟状，"我也不知道。"

"你也不给力呀！"小刚乐了。

陈院士见两人不打嘴架了，介绍说："我们必须要对根瘤菌分类，否则收集的资料再多，不能认识到其中蕴含的规律，也就无法应用它。"小刚和小燕似懂非懂地点点头。

"我们需要做根瘤菌的分类和系统发育工作，也就是我们行业里的人说的'为根瘤菌编家谱'。"

"编家谱？这种说法真有趣。"小刚说。

"我好像懂一点儿了。根瘤菌好像有类别的，比如快生菌、慢生菌。是不是应该分得更细一些？"小燕说。

"是啊，为根瘤菌编家谱也是一个浩大的工程呢。其实，我们在边考察、边采集的过程中，早已在做这项研究了。我们国家地理面积大，物种比较多，因此我们有很多新发现呢。"陈院士说。

7.1 亲缘与进化是分类的核心

　　生物的系统分类，要以物种间的亲缘关系为依据进行，这样才能真正反映生物的起源及进化轨迹。

　　陈院士告诉他们，长期以来，研究细菌进化比起研究高等动植物进化要落后得多。这是由于细菌个体微小、形态简单、结构变化有限，又没有高等生物那样的比较解剖学、比较胚胎学的证据，细菌的化石也比较少，观察难度也比较大。显微镜的发明与改进才使得细菌的研究蓬勃发展起来。自1930年电子显微镜发明后，人们对细菌又有了更进一步的了解。

　　"细菌还有化石？"小燕好奇地问。

　　"这你还不知道啊？"小刚得意地说。

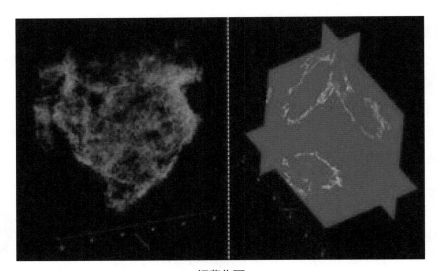

细菌化石

　　陈院士说："细菌化石仅是小球或小杆印迹，几乎不含任何结构方面的信息。有的用显微镜可以观察到，更小的细菌化石则要运用透射电子显微镜和生物化学技术了。"

　　小刚和小燕感慨道："生物学要研究的领域可真多。光研究细菌化石就是一门大学问呢。"

做生物分类必须了解生物的个体发育与系统发育，这样才能把握它们之间的亲缘关系。研究化石的主要目的之一，就是要了解生物的系统发育。

个体发育是指某种生物从它生命中某个阶段开始，经过一些发展阶段，再出现当初这个阶段的整个过程，其中包括形态和生殖上的两个方面发育变化。

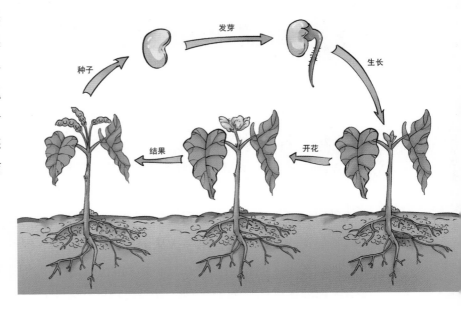

系统发育有两个基本过程：起源和进化。起源是从无到有的过程，一般认为同一物种或同一分类群源于共同的祖先，有亲缘关系。生物类群不分大小，又都有其进化过程：首先，从少到多，因为一个新类群的产生最初总是少数，以后发展分化，才逐步形成一个自然类群；其次，从简单到复杂，从低级到高级，这是一个带阶段性的分化过程。

生物的亲缘关系或进化关系是由生物的系统发育来表现的，而不是它们现在是否存在许多表面上的相似性。有时，有可能会有某两种生物，它们现在有很多相似的特点，但是从系统发育的角度来看，它们相差得很远。打个比方来说，有两个人，他们来自不同的民族，从长相上看，他们比同一个家庭的兄弟姊妹长得更相像，但他们的亲缘关系却是很远的。

陈院士由远及近地给小刚和小燕讲了许多生物进化的科学道理，接着切入根瘤菌，讲到了根瘤菌的系统发育。

根瘤菌的系统发育研究，可以揭示不同根瘤菌属种间的亲缘关系。已有的系统发育研究表明，根瘤菌属、中慢生根瘤菌属及中华根瘤菌属亲缘关系更近些；而固氮根瘤菌属与慢生根瘤菌属亲缘关系更近些。我们还要在这个基础上再继续做分类。

"根瘤菌还分这么多属吗？我给搞糊涂了。"小燕问。

"我先给你们介绍一下根瘤菌分类研究的历史吧。"

7.2 早期根瘤菌的发现过程和它的命名

要了解根瘤菌的分类，得先知道它的发现过程和它的命名。于是，陈院士讲起了根瘤菌的历史。

豆科植物根瘤最早是在 1675 年，由德国学者在菜豆和蚕豆植株上发现的，至今已有 330 多年了。1888 年，德国有两位学者以大量丰富的试验资料，证实了豆科植物根瘤可以固氮。同一年，荷兰学者利用植物叶片加天门冬酰胺、蔗糖和明胶配置的培养基上，第一次从豌豆根瘤中分离、提纯出杆状的根瘤菌。第二年，即 1889 年，科学家们将在豆科植物上可以结瘤的细菌定名为根瘤菌。当年，波兰人用纯根瘤菌培养物接种在豆科植物上，发现可以结瘤。之后，这一名称也就广泛使用了。

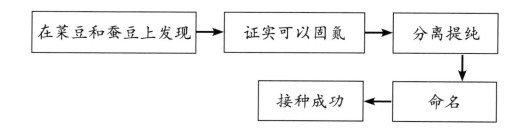

根瘤菌发现过程图

讲到这里，陈院士停了停，又说："不过，这个命名开始也是有争议的。"

"难道这样命名有错误吗？"小燕问道。

"是呀，就是能产生根瘤的细菌吗，这有什么好争议的。"小刚也觉得不可思议。

陈院士又给小刚、小燕讲起根瘤菌分类命名系统的一些争议。

尽管根瘤菌的分类进入了一个全新的阶段，在命名系统中仍有争议。开始有人认为能形成根瘤的微生物是一种真菌。后来，又有人认为这种微生物与黏菌关系更近，将它定为一个新属——根瘤菌属。现在依然存在争议，有人认为有 3

个属间缺乏典型的表型特征，仍可以并为一属；也有的人反对，认为 3 属合并会产生命名系统的混乱。在种的命名上，按照不同表型特征命名，虽然已将根瘤菌分为 3 个属了，但是，得到的分类结果不太一致。同时，命名有先有后，也是各抒己见的……毕竟细菌本身没有名字，它的名字是由人取的。随着科技的发展和更多根瘤菌模式菌株基因组序列的完成，到那时，根瘤菌命名的争议会得到解决的。

1970 年，国际细菌命名委员会仲裁委员会裁定了根瘤菌这一细菌种类的合理地位，并写在当时的第 34 条判定意见中。

"科学研究真是一个不断发展的过程啊。"听了陈院士的介绍，小燕感慨地说。

"我们现在的研究还会将根瘤菌的分类研究大大推进一步呢。"小刚自信地说。

"说得对！你们很有志气嘛。"陈院士欣慰地说。

7.3 早期根瘤菌的传统分类方法

自从荷兰学者第一次从豌豆根瘤中分离出杆状的根瘤菌以后，在 80 年左右的时间里，根瘤菌的分类是以互接种族为基础的。

什么是互接种族？

前面已经讲过，每种根瘤菌只能在特定的一种或若干种豆科植物上结瘤，一种或若干种豆科植物能利用各自的根瘤菌相互结瘤。人们将这些能够互相利用各自根瘤菌的豆科植物分为一族，叫作互接种族；那么，能与互接种族内的豆科植物结瘤的根瘤菌群就可以划分为一个种。

陈院士说："早在 1932 年建立的根瘤菌传统分类认为，根瘤菌属只有 7 个种：豌豆根瘤菌、菜豆根瘤菌、三叶草根瘤菌、苜蓿根瘤菌、羽扁豆根瘤菌、大豆根瘤菌、豇豆根瘤菌。因此，早期根瘤菌的分类关系树是非常简单的。"

早期建立的分类系统根瘤菌种与豆科植物种族、代表宿主的关系图表（1932年）

种族名称	代表宿主	根瘤菌种的名称
豌豆族	豌豆属	豌豆根瘤菌（*R. leguminosarum*）
菜豆族	菜豆属	菜豆根瘤菌（*R. phaseoli*）
三叶草族	三叶草属	三叶草根瘤菌（*R. trifolii*）
苜蓿族	苜蓿属	苜蓿根瘤菌（*R. meliloti*）
羽扁豆	羽扁豆属	羽扁豆根瘤菌（*R. lupini*）
大豆族	大豆属	大豆根瘤菌（*R. japonicum*）
豇豆族	豆科中很多不同的属	（*Rhizobium spp.*）

分类关系树是常用的、形象地表示物种间关系的图示。为根瘤菌做的分类关系树，我们也叫它系统发育树，也叫作分类生命树。

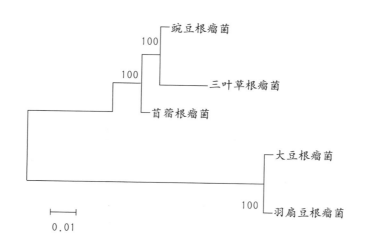

早期根瘤菌分类的系统发育树

"你们来画一个早期根瘤菌分类关系树怎么样？"陈院士想考一考两人是否理解了早期根瘤菌分类关系树。

陈院士指导两人先画出树的主干，代表根瘤菌，然后画出 7 个分枝，每个分枝代表一个根瘤菌属；早期根瘤菌只有 7 个种，它们分属于 7 个属，所以每个分枝上有 1 个圆果。

小燕拍手说道："这棵生命树像棵苹果树！"

陈院士说："早期根瘤菌分类认为，每种根瘤菌都与一组特定的植物结瘤，菌株之间可以在特定的这组豆科植物的宿主内相互交换，进行结瘤和固氮。受这一概念所限，早期根瘤菌分类关系树存在许多不合理、不适用的问题。"

"是啊，您前面提到根瘤菌不止一个属呢。"小刚也觉得有问题。

"那根瘤菌到底有哪些类型呢？"小燕问道。

陈院士说："随着研究的菌株范围和宿主植物范围的扩大，也随着细菌分类方法的发展，现代根瘤菌的分类方法也就随之产生了。"

7.4根瘤菌分类的新进展

陈院士拿出一张图给小刚和小燕看。"这是一张最新的根瘤菌分布系统发育树。"

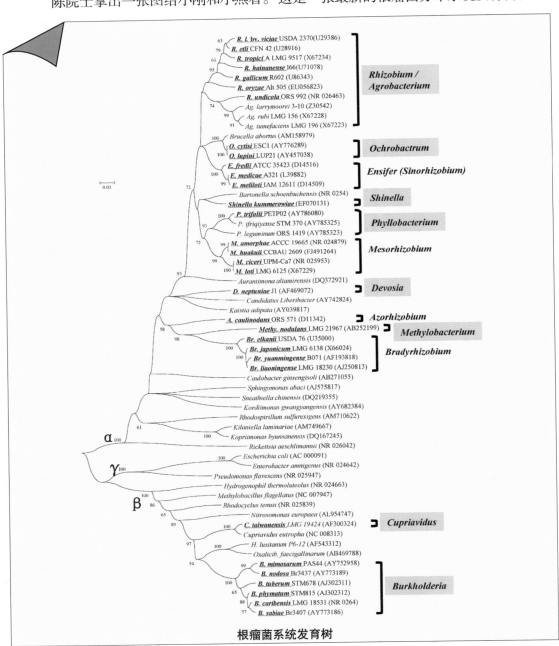

根瘤菌系统发育树

"太复杂了，看不懂啊。"小刚和小燕摇摇头说。

"这个做得太细太复杂，是不容易懂的。"陈院士和蔼地对小刚和小燕说，"现代分类的系统发育树，也不是一蹴而成的，是经过艰难曲折的探索的。"

"怎么现在的分类关系树比早期的复杂那么多啊？"小燕问。

陈院士讲起了现代分类的不断完善、逐步形成的发展过程。

20世纪60年代以前，国际上做细菌分类，是利用细菌表现出来的少数性状进行分析，难以获得正确的细菌分类结果。从1964年开始依据数值分类方法，当时将根瘤菌分为两个大群，也就是两个属。

知识链接

什么是数值分类？

数值分类是指用数值分析的方法，借助于数学方法和电子计算机，将分类单位按其性状状态的相似程度归类成表现群，也是利用表型特征进行分类。为了揭示生物分类单位间的真实关系，需要尽可能多的特性测定，将这些信息转换成数值，但它不是用少数几个特征，而是对一组菌株进行100个以上性状测定，并对这些数值用计算机进行运筹处理，以获取菌株间的相似性，当相似性高达80%时，该菌群就是一个种群。这样可以减小工作者的主观偏见，大大提高工作效率，还可以进行数据存贮，自动编制目录和检索。

数值分类方法一般有几个步骤：分类单位及单位性状的选择，性状的测定及收集，性状的数据编码，计算相似性系数，聚类运算，分类结果表示，菌株鉴定等。

10 年之后，在《伯杰细菌鉴定手册》第八版中，将根瘤菌分为两个相互区别的类群（快生群与慢生群），并与土壤杆菌属、色杆菌属一起构成根瘤菌科。

1974年形成的根瘤菌的分类系统图表

科名	属名	类群	种名
根瘤菌科 (*Rhizobiaceae*)	根瘤菌属 (*Rhizobium*)	群 1（快生）	豌豆根瘤菌 (*R. leguminosarum*)
			菜豆根瘤菌 (*R. phaseoli*)
			三叶草根瘤菌 (*R. trifolii*)
			苜蓿根瘤菌 (*R. meliloti*)
		群 2（慢生）	大豆根瘤菌 (*R. japonicum*)
			羽扇豆根瘤菌 (*R. lupini*)
			其他与豇豆族植物结瘤的根瘤菌 (*Rhizobium spp.*)
	土壤杆菌属 (*Agrobacterium*)		
	色杆菌属 (*Chromobacterium*)		

"根瘤菌科？"小刚觉得很疑惑。

陈院士接着说："又过了 10 年，以根瘤菌的遗传特性和表型特征为基础进行属种划分的，对根瘤菌之间的亲缘关系体现得就更为客观了。"

"方法越来越复杂了。"小刚更是迷惑了。

"这是非常专业的。微生物领域以外的生物学家也不一定能完全明白呢。根瘤菌分类不断深入、不断发展，进入了一个快速发展时期，新种群不断被发现，根瘤菌分类系统不断被刷新。"陈院士说。

由于遗传学和分子微生物学的迅速发展，细菌分类学家的视野大大开阔。20 世纪 50 年代末，他们有人直接分析细菌的核苷酸 DNA，从 20 世纪 70 年代开始，又研究细菌的另一种更原始的核苷酸 rRNA，通过比较 DNA 和 rRNA 碱基序列来研究细菌各类群之间的系统分类及进化关系。

随着分子生物学方法的发展和微生物系统发育学的诞生，根瘤菌从传统分类进入以系统发育为基础的现代分类，开始了根瘤菌分类的新纪元。

在现代根瘤菌分类系统中，根瘤菌由"科"上升为"目"，含有根瘤菌种的 11 个属分别位于根瘤菌目的 6 个科中：根瘤菌科、叶瘤菌科、布鲁氏菌科、生丝微菌科、慢生根瘤菌科、甲基杆菌科。还有一些结根瘤菌种甚至不属于根瘤菌目。

根瘤菌分类系统表

纲 Class	科 Family	属 Genus
纲1 α－变形杆菌纲	科1 根瘤菌科	属1 根瘤菌属
		属2 土壤杆菌属
		属3 异样根瘤菌属
		属7 中华根瘤菌属
	科3 布鲁氏菌科	属3 苍白杆菌属
	科4 叶瘤杆菌科	属1 叶瘤杆菌属
		属6 中慢生根瘤菌属
	科8 中慢生根瘤菌科	属1 慢生根瘤菌属
	科9 生丝微菌科	属6 固氮根瘤菌属
		属8 戴沃斯菌属
	科10 甲基杆菌科	属1 甲基杆菌属
纲2 β－变形杆菌纲	科1 伯克霍尔德氏菌科	属1 伯克霍尔德氏菌属
		属2 贪铜菌属

"这个分类系统是不是以后还得变啊？"小刚若有所思地念叨。

"你们很有质疑精神嘛，进步很大啊！这个分类系统很有可能还会调整。事物是在不断地发展变化的嘛。"陈院士拍着两人的肩膀说。

7.5 陈院士丰富了根瘤菌分类系统

在现代根瘤菌分类系统初步确立，现代细菌分类技术开始迅速发展的20世纪70年代末，陈院士投身于这一领域的研究之中。她把根瘤菌的分类树叫作根瘤菌的家谱树，把自己的这项工作叫作"为根瘤菌编家谱"。

陈院士与同行采用了一系列先进的分类分析技术。除了运用数值分类法，还对遗传物质进行比较分析。由于我国拥有数量众多的根瘤菌资源，又采用了最先进的分类方法，所以在近20年的时间里，他们相继为根瘤菌增加了2个新属：中华根瘤菌属和中慢生根瘤菌属。发现了15个新种，还有可能再发现几个新种。

"你们俩做一棵新的根瘤菌分类关系树怎么样？"陈院士问他们。

"这个，用什么来做啊？"小燕问。

"我知道，可以用一些彩色纸剪贴出来。你这一点灵感都没有啊？刚才你是白画了那棵早期的分类关系树了。"小刚总算找到嘲讽小燕的机会了。

"可以用这个方法来做。"陈院士表示同意。

小刚做粗大的主杆代表根瘤菌，小燕做树的分枝代表属，两人又在分枝上贴放圆果代表种。

墨西哥中华根瘤菌
恰帕斯州中华根瘤菌
好客中华根瘤菌
大豆中华根瘤菌
萨赫勒中华根瘤菌
库斯提中华根瘤菌　　（中华根瘤菌属）
贾氏中华根瘤菌
新疆中华根瘤菌
美国中华根瘤菌
木本树中华根瘤菌
苜蓿中华根瘤菌
草木樨中华根瘤菌
鸡眼草中华根瘤菌
（根瘤菌属）
金雀苍白杆菌
羽扇豆苍白杆菌　　（苍白杆菌属）
鸡眼草申氏菌　　　（申氏菌属）
中慢生根瘤菌属
三叶草叶杆菌　　　（叶瘤杆菌属）
海神德沃斯氏菌　　（德沃斯菌属）
茎瘤固氮根瘤菌
德氏固氮根瘤菌　　（固氮根瘤菌属）
结瘤甲基杆菌　　　（甲基杆菌属）
埃氏慢生根瘤菌
凉属慢生根瘤菌
豆薯慢生根瘤菌
扁豆慢生根瘤菌
西表岛慢生根瘤菌　（慢生根瘤菌属）
加那利群岛慢生根瘤菌
日本慢生根瘤菌
圆明园慢生根瘤菌
辽宁慢生根瘤菌
台湾贪铜菌　　　　（贪铜菌属）
含羞草伯克霍尔德氏菌
含羞草结瘤伯克霍尔德氏菌
根瘤伯克霍尔德氏菌
葡语含羞草伯克霍尔德氏菌　（伯克霍尔德氏菌属）
瘤块伯克霍尔德氏菌
加勒比群岛伯克霍尔德氏菌

海南根瘤菌
多寄生根瘤菌
热带根瘤菌 B
尼罗河根瘤菌
热带根瘤菌 A
生根根瘤菌
葡萄牙根瘤菌
红河谷根瘤菌
豆根瘤菌
嗜冷根瘤菌
木兰根瘤菌
豌豆根瘤菌
菜豆根瘤菌
蚕豆根瘤菌
豌豆学名根瘤菌　（根瘤菌属）
西藏根瘤菌
阿尔阿拉米根瘤菌
华中根瘤菌
岩黄芪根瘤菌
蒙古根瘤菌
黄土根瘤菌
高卢根瘤菌
杨凌根瘤菌
水稻根瘤菌
吉氏根瘤菌
大田市根瘤菌
解纤维素根瘤菌
华特拉根瘤菌
碱土根瘤菌
山羊豆根瘤菌
豇豆根瘤菌

金属抗性中慢生根瘤菌
天山中慢生根瘤菌
戈壁中慢生根瘤菌
塔里木中慢生根瘤菌
锦鸡儿中慢生根瘤菌
地中海中慢生根瘤菌
温带中慢生根瘤菌
机会中慢生根瘤菌
华癸中慢生根瘤菌
北方中慢生根瘤菌　　中慢生根瘤菌属
紫穗槐中慢生根瘤菌
多源中慢生根瘤菌
黄河中慢生根瘤菌
合欢中慢生根瘤菌
澳洲中慢生根瘤菌
香格里拉中慢生根瘤菌
鹰嘴豆中慢生根瘤菌
百脉根中慢生根瘤菌
埃尔查柯中慢生根瘤菌
骆驼刺中慢生根瘤菌

现代根瘤菌分类系统发育树

在陈院士指导下，一棵高大粗壮、枝繁果丰的根瘤菌系统发育树做成功了！

"为什么要多做一些分枝，上面也没有圆果？"小燕凝视着分类关系树问道。

望着这些童心无邪、童言无忌、童趣无限的孩子，陈院士和叔叔阿姨们都笑了。

陈院士解释说："根瘤菌现代分类不断有新的成果。目前根瘤菌分布于13个属中，共包括87个种。以后分枝会增加，圆果也会增加的。多做一些分枝可以用来补充新的发现。"

陈院士边说边拿出一叠根瘤菌属种图表，递给小刚和小燕。

小刚和小燕接过陈院士递过来的一叠图表，仔细翻看着。

小刚和小燕心中无比感慨！他们做的这棵系统发育树可是陈院士和叔叔阿姨们用心血和汗水浇灌起来的呀，它还将伴随着科学家的研究继续苗壮生长。

经过30年的潜心研究，陈院士在根瘤菌资源分类和系统发育方面取得了令世人瞩目的成就，也为根瘤菌分类系统的发展做出了突出贡献，被国际同行推选为国际根瘤菌分类分委员会的委员。

2001年，陈院士荣获国家自然科学二等奖；同年，她还光荣地当选为中国科学院院士。

小刚和小燕对陈院士感到无比的敬佩。

"我也要像陈奶奶一样，做一名伟大的科学家。"小刚心里暗暗地想。

2001年当选中科院院士，2002年受领院士证

8 建立根瘤菌资源数据库

　　这一天，小刚和小燕又来到中国农业大学根瘤菌研究中心。他们想知道自己采集的根瘤菌是怎样保存的。

　　见到陈院士，小燕迫不及待地问："陈奶奶，我们采集的材料保存在哪里了？"

　　"咱们不是有一个菌种库吗？是不是将材料冷冻起来了？"

　　"你们两个这么长时间以来参与我们的工作，还真有科学家的头脑呢。我们分离的各种菌种在菌库里都保存好了。有关它们的各种信息就存在我们的根瘤菌资源数据库，现在我就带你们看一看，好不好？"

　　"太好了！"

　　陈院士边走边说："我们做了大量的豆科植物和根瘤菌的调查采集工作，又做了根瘤菌的分类工作，需要总结、保存以往的研究数据，为今后的研究和开发打下基础，这么多的信息和材料可是宝贝呢。"

8.1 我国第一个根瘤菌资源数据库

"根瘤菌资源数据库该是个什么样子呢？"小刚边走边猜测着。

陈院士介绍说："我们在国内根瘤菌的调查和分类研究过程中，觉得需要一个根瘤菌资源数据库。我国近代微生物菌种收集保藏虽然还算早，始于20世纪20年代，但是零星保存的，资料很不全面。在国家的支持和大家的共同努力下，1993年，我国第一个根瘤菌资源数据库建立起来了。"

目前，这个数据库收录了来自全国各地各种豆科植物的根瘤菌10 000多株，已采用表型分析及分子生物学方法研究了根瘤菌和相关细菌6 727株，所有菌株都保藏在中国农业大学菌种中心。每个菌株有寄主来源、固氮酶活性、碳源、氮源的利用等项目。这个数据库保证了中国根瘤菌生物多样性及分类研究的需要，有许多研究单位、大批研究生来查找资料呢。

在陈院士的带领下，中国农业大学菌种中心建成了一个国际上根瘤菌数量最大和宿主种类最多的根瘤菌资源库。

"真了不起！真了不起！"小刚和小燕一边走一边听介绍，连连竖起大拇指。

小刚和小燕走进数据库，库内明亮、宽敞、整洁。两个小朋友东张张、西望望，感到很新鲜。

"先请叔叔给你们讲讲数据库的作用，待会儿再让阿姨给你们讲讲保藏方法，好不好？"陈院士和蔼可亲地问道。

"好，好！"小刚和小燕连连点头。

陈院士说："这个数据库具有数据维护、查询检索、数据统计、输出打印等功能，由专职管理人员操作。"陈院士一边说，一边走到叔叔身边。陈院士请叔叔给他们讲。

"小朋友们，你们知道收集、保藏、研究根瘤菌是为什么吗？"叔叔问道。

小刚说："知道，是为了开发利用它们，为提高农业产量服务。"

叔叔接着说："说得对。主要是研究它们的固氮功能，研究它们与生长在不同环境中的豆科植物形成高效的生物固氮共生体系，以便更好地应用到农业生产上。"

"我们在做田间效果试验时，就看见应用根瘤菌的大豆苗生长得特别茂盛。"小燕说。

"我们研究了近 5 790 株根瘤菌，为的就是寻找在农业生产和环境保护中利用高效菌株与高效根瘤菌 - 豆科植物的最佳组合。"叔叔说。

小刚和小燕听得津津有味，叔叔讲得更加有劲。

2005~2008 年，在国家自然科技资源平台建设项目的资助下，将近 2 200 株已鉴定到种的根瘤菌的表型性状信息、遗传信息，已都被录入国家微生物资源信息库，在中国科技资源共享网上对外开放使用。

在积累了大量菌株的基础上，开展根瘤菌与宿主植物品种间的共生匹配最佳效果的选种研究，为指导筛选和使用优质高效菌种而服务。为国内外提供研究用根瘤菌 1 000 多株（次）。

我们在陈文新院士的组织和领导下，走出了一条将资源优势和科研优势向生产应用转化的成功道路。

"我们的根瘤菌还走向世界呢，资源库的作用真大。"小刚自豪地说。

"保存这么多宝贵根瘤菌种的冰箱不会是普通的冰箱吧？"小燕问。

"同学们，你们好。"一位阿姨笑着迎了上来，指着大型冰箱说，"这个小姑娘可真聪明！这个冰箱确实与普通冰箱不同，能把温度降至零下80℃的超低温。"

"这么低的温度？！"小燕不由得打个冷战。

小刚白了一眼小燕，问道："怎么样，你怕了？"

"我才不怕呢，它是密封的。"小燕回敬小刚。

阿姨拿起一根塑料管说："你们看，这是保存根瘤菌的冻存管。"

小刚和小燕用手摸摸塑料管，感觉管壁很厚、很均匀，有螺旋形的口。

"我正好要准备一些冻存管。来吧，你们跟我一起做吧。"

"太好了！我们一定会小心谨慎的。"

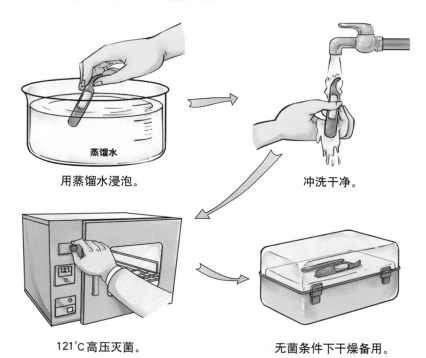

用蒸馏水浸泡。　　　　　　　　　　冲洗干净。

121℃高压灭菌。　　　　　　　　无菌条件下干燥备用。

"在装根瘤菌保存之前，别忘记作上记号。"阿姨用记号笔在冻存管的磨砂处标上菌种编号、保藏日期，用透明胶保护。

接下来就是分装菌液了。这时要用到保护剂。保护剂要事先准备好。用蒸馏水配置 10% ~ 20% 的甘油，装入三角瓶中，121℃高压灭菌，就制成保护剂了。取 4 ~ 5 mL 保护剂加到试管斜面培养物上，用滴管轻轻涂抹斜面，震荡，制成细菌悬液，再分装冻存管中，每个冻存管装入 1.5 mL。

最后一步是保藏。在阿姨的指导下，小刚和小燕一起将注入菌液的冻存管装入百孔塑料方盒中，方盒按顺序编号，置于零下 80℃冰箱内保藏。

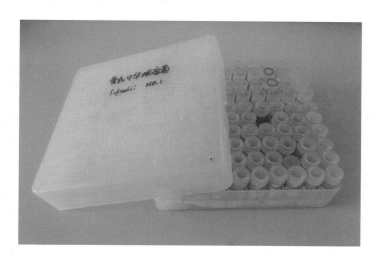

"整个低温保藏方法结束了。这样可以保存 10 年左右呢。"阿姨对小刚和小燕说，"再把保藏信息记录到数据库中，通过计算机可以随时检索到信息。"

小刚问："除了低温冷冻保藏外，还采用什么方法保藏呢？"

阿姨说："我们这个菌库从成立以来，先后采用 4 种方法保藏根瘤菌菌株，有定期移植法、液体石蜡保藏法、冷冻干燥保藏法和低温保藏法。"

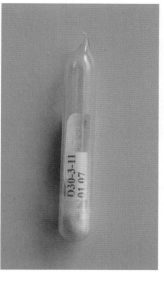

阿姨接着说："我们保藏有一万多株根瘤菌菌株，保藏时间最长的将近 30 年了。我们现在已经是一个很重要的根瘤菌菌株保藏单位，列入了国际细菌库目录，可以与世界各国交流信息，交流菌株。"

"小刚，你别打岔呀。请阿姨给咱们说说数据库的事情。"

"数据库还是让叔叔再接着跟你们说吧。"阿姨笑了。

叔叔在电脑上打开一个网址，显示出"中国科技资源共享网"。告诉他们，2005～2008 年，在国家自然科技资源平台建设项目的资助下，中国农业大学根瘤菌研究中心将近 2 200 株已鉴定到种的根瘤菌的表型性状信息以及遗传信息都录入国家微生物资源信息库，这些菌株信息已经在中国科技资源共享网上对外开放使用。

这个共享网的使用方法：输入地址打开主页。

鼠标指向【领域划分】的自然科技资源，屏幕出现下拉菜单，找到【微生物菌种资源】，点击其中的【细菌】项，出现检索框，录入检索信息，可以显示检索结果。在结果内点击【更多详细信息】可以获得非常详细的某菌种的表型特征记录。

看完了数据库，小刚、小燕回到陈院士办公室，陈院士问他们："开了眼界了吗？"

"收获太大了，科学家真伟大！"小刚、小燕竖起大拇指。

8.2 根瘤菌的采集、分离与纯化

陈院士把小刚和小燕叫到身旁，问道："我们在新疆石河子市野外调查时，采集根瘤和保鲜的方法，你们还记得吗？"

"记得，记得！"小刚和小燕很自信地回答。

"你们说说。"陈院士笑着说。

小燕抢着先开了腔："将豆科植物植株和根系一起挖起，轻轻抖去土块，或用水冲洗干净，用剪刀剪下根瘤。"

① 将采回的根瘤按编号放入离心管中。

② 加95%的乙醇浸泡30秒。

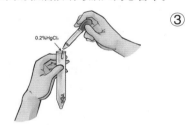

③ 倒出后加0.2%HgCl₂消毒2～5分钟。

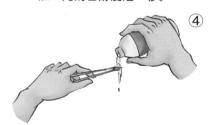

④ 无菌水冲洗。

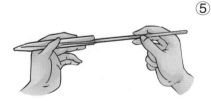

⑤ 用无菌不锈钢钎子捣碎。

⑥ 用接种环蘸取汁液划线接种到斜面试管内。

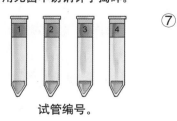

⑦ 试管编号。

根瘤菌分离过程图

"要选个头大、粉红色的根瘤。"小刚补充说。

"根瘤剪下来后，装入硅胶干燥管内，盖紧盖子，贴好标签。"小燕很熟练地说完整个采集过程。

"你们说得很对。"陈院士夸赞说，"根瘤菌菌株保存必须经过采集、分离、纯化、保藏的过程，制备好菌种，才能进数据库保存。"

"怎样分离和纯化呢？"小燕问。

"让这位阿姨带着你们亲手做一遍。"

阿姨一边做一边说，小刚和小燕跟着做。

小刚和小燕又重复操作了一遍。接着，阿姨带他们一起做纯化实验。

一支带玻璃珠的加水无菌试管或离心管。

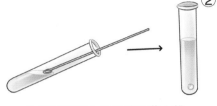

从斜面试管中长出的菌落上挑一接种环入管内水中。

在震荡器上震荡1分钟。

取一环菌液在ＹＭＡ培养皿上划线接种后保藏。

纯化实验

操作完毕后，阿姨特别指出：为了检查菌落生长情况，可将已接种的培养皿放入 25 ~ 28℃恒温培养箱内倒置培养，三天后开始观察菌落生长情况，一直观察 15 ~ 20 天。如果发现不纯，必须按上述方法反复纯化。

陈院士最后介绍说："我们将三十年来积累的实验数据及野外采集的记录，对应每个菌株分别编号，一点儿一点儿录入到计算机中。为使今后数据逐步走向标准化、规范化，我们给具有鉴别特征的生理生化及其他表型性状分别规定了测定标准，将会更加科学，更加便捷。"

阿姨接着陈院士的话补充说："这个数据库的贮存信息和软件功能，还在不断扩大和完善，还要将图文并茂的多媒体信息放入库中。"

小刚和小燕听了既感动又敬佩！

9 根瘤菌应用的新思路

为了使根瘤菌资源调查、保藏和分类研究能为国家的西部大开发服务，为农业生产服务，陈院士对根瘤菌的田间应用非常关注。她说，我们要走出一条"资源优势——科研优势——资源开发应用"逐步转化之路。

这天，小刚和小燕跟着陈院士到北京郊区考察根瘤菌田间应用的效果。

9.1 间作套种丰产田

几千年来，我国的农民在长期生产实践中，摸索出一套豆科作物和禾本科作物间作、套种、轮作的种植模式，取得了很好的增产效果。但是，他们却不知道，原来是根瘤菌在起作用呢。如果用高效的根瘤菌，增产效果会更好的。

大家走在田野里，放眼望去，庄稼茂盛，碧绿滴翠，景色秀丽，诱人喜爱。

陈院士在一片庄稼地边停住。"小刚、小燕，你们看，这是花生和玉米间作套种，玉米花生都长得很茁壮。"

小刚和小燕仔细看了看，在玉米的行间套种着花生，两样作物都生长茂盛。

陈院士说："玉米是禾本科作物，又是高秆作物；花生是豆科作物，植株矮小，有根瘤菌。花生根上的根瘤菌可以固定大气中的游离氮，其中 1/3 的氮素可以给玉米提供营养，玉米吸收到的其他营养，又提供花生根瘤菌生长需要。"

"它们是一对好朋友。"小燕夸赞道。

陈院士又把他们带到另一片庄稼地，是大豆和玉米间作套种。

小刚和小燕仔细看了庄稼地，玉米长得比他们个子高，大豆绿油油的，它们相处得很好。

"玉米与花生相处很好，互相提供营养，玉米与大豆也相处很好。"小刚对小燕说。

"都是同样道理呀！"小燕笑笑回答。

陈院士带他们在地旁坐下，讲了许多间作、套种、轮作的故事。

我国西北灌溉地区，实行蚕豆与玉米间作套种、小麦与大豆间作套种，增产都很显著。我国南方水稻产区，普遍实行水稻与紫云英轮作制度，既提高水稻产量，又缓解了化肥紧缺。

蚕豆与玉米间作套种丰产田

小麦与大豆间作套种丰产田

春季的紫云英田，耕紫云英田，插种水稻

安徽皖南地区，实行小麦、大豆、玉米三季轮作套种，就是在小麦收割前，在小麦行间套种大豆，小麦成熟收割后，在原小麦行上套种玉米，待大豆收获后，在玉米行间又套种小麦，这样三季作物连作套种，三季作物均获得高产丰收。

江苏如皋市龙舌乡于 1995 年示范种植棉花与荷兰豆轮作，荷兰豆嫩荚大丰收，皮棉也大增产，经济效益十分可观。

陈院士说："豆科作物与禾本科作物及经济作物实行间作、套种、轮作时，一般可以为间作及后茬作物提供氮素营养 30 %~60 %，从而能够双双获得增产增收。"

小刚和小燕会意地点点头。

9.2 走出宿主专一的误区

长期以来，根瘤菌的宿主专一性，是根瘤菌分类与应用研究中的一个重要性状。就是说，每个根瘤菌种都只与特定的一种或多种植物结瘤固氮。反之，每种植物也只与特定的一种或数种根瘤菌共生。

陈院士对小刚和小燕说，我们对从中国广大地区收集的根瘤菌进行分类时发现：一种豆科植物在我们国家不同区域的地理环境中，可以与不同种的根瘤菌结瘤固氮。比如，我国的大豆至少可与 3 个属的 7 种根瘤菌正常共生。这次在新疆、河北采集到的标本中，大豆就有与不同种根瘤菌共生的现象，菜豆也有这种情况。

具体来说，比如大豆在我国的东北地区主要与日本大豆慢生根瘤菌和辽宁慢生根瘤菌共生结瘤。在新疆则多与新疆中华根瘤菌和辽宁慢生根瘤菌共生结瘤。又比如我国新疆的苦豆子等 7 种植物均与天山中慢生根瘤菌共生结瘤。我国海南省的山蚂蟥等 12 属植物，同与海南根瘤菌共生结瘤。

这种现象说明，一种植物与根瘤菌的共生组合与其所处的生态环境有关，某些根瘤菌−豆科植物组合，只存在于特定的生态区域之中。

"如果你们发现了这种现象，会怎么想呢？"陈院士问小刚和小燕。

"我会想，豆科植物应该能与任何根瘤菌共生吧？"小燕说。

"原来怎么会认为豆科植物只与特定的根瘤菌共生呢？"小刚说，"可能是前人没有条件做很广泛的研究。"

陈院士说："根据掌握的证据，我们认为由于生态环境的差异，根瘤菌与豆科植物的共生关系具有多样性。特定的地理区域中根瘤菌和植物共生体，是细菌、植物和环境因子相互作用的产物。至于是否每种豆科植物能与任何根瘤菌共生，还需要试验证据呀。"

"哈！这样，让固氮能力高的根瘤菌与豆科农作物共生就更方便了，农作物的产量也会提高吧？"小刚思考着。

陈院士说："在进行根瘤菌选种时，必须针对生态环境及宿主植物两者选择出最佳匹配的根瘤菌。经试验证明，不同品种植物与不同根瘤菌共生，有效性差异很大，因此，选种时还必须针对植物品种进行匹配，才能收到更好的共生固氮效果。"

9.3 氮阻遏之谜

近年来，我国科学家发现，豆科植物与禾本科植物间作，还能促进豆科植物更多地结瘤固氮，获得双高产。这个奥秘在哪里呢？科学家们通过一系列的探究，揭开了这个谜。

中国农业大学植物营养系的老师们在甘肃进行的蚕豆与玉米间作试验中发现，间作蚕豆的产量比单作产量提高 63.7%，玉米比单作产量提高 17.3%，双双达到高产水平。

"这是什么原因呢？"小燕问。

陈院士说："这是因为豆、禾植株靠近，根系交织，禾本科作物吸走了豆

科植株根际的营养，从而排除了豆科根瘤菌的'氮阻遏'障碍。"

"什么是氮阻遏？"小刚、小燕觉得这个词很费解。

"氮阻遏是指固氮生物在有化合氮的环境中时，它们的固氮酶的合成和活性受到了化合氮的抑制，不进行固氮作用。也就是说，所有固氮生物都有一个弱点，土壤中有较多的氮时，固氮酶不能合成了，或者失去活性了，它们也就不能固氮了。根瘤菌作为固氮生物的一种，也是一样，在含氮水平较高的土壤中，结瘤少，固氮也少。"

　　"你们两人可以与我的学生们一起做个试验。通过比较，分析蚕豆与小麦间作是否能够提高产量。"

　　"好啊！"

　　试验开始之前，陈院士就对小刚和小燕说："这是一个非常有趣而又能说明问题的盆栽试验。"

　　试验材料需要三个盆、蚕豆种子、小麦种子、塑料膜、尼龙膜。

　　试验是这样进行的：

　　第1号盆内，蚕豆和小麦的根系用塑料膜全部隔开，两者之间根系及营养元素之间不能相互交流；

　　第2号盆内，蚕豆与小麦的根系用尼龙膜隔开，两者的根系不能交换，但氮素及营养元素可以相互交换；

　　第3号盆内，蚕豆和小麦的根系不隔开，根系可以相互穿插，营养元素可以随时交流。

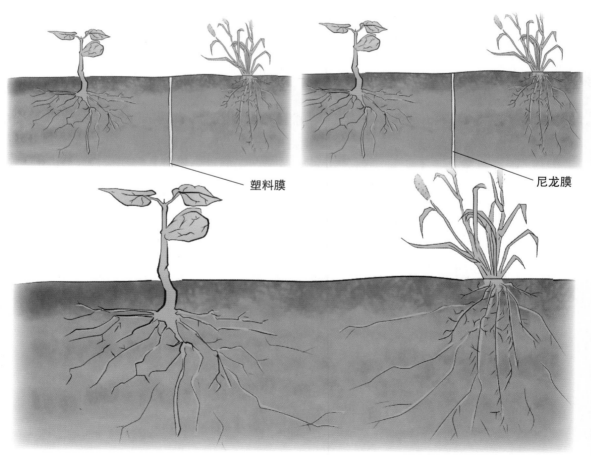

塑料膜

尼龙膜

奇怪的事情发生了，三种试验结果完全不一样。结果表明，小麦从化肥中吸收的氮，在三盆内依次分别为73、91、130毫克；蚕豆从大气中获得的氮，依次是蚕豆吸收的总氮量的58％、80％、91％；从蚕豆到小麦的氮素转移依次分别为0、2、6毫克。

"你们能试着进行分析，得出结论吗？"陈院士问两人。

"好像是两者的根相互交叉，两者获得的氮都增加了。"小燕说。

在陈院士的帮助下，两人梳理出了一些试验结论。

在三个盆中，蚕豆从化肥中吸收的氮肥都比较少，蚕豆的大部分氮是从根瘤菌固定空气中的氮得来的。

当蚕豆与小麦的营养能够相互交换时，土壤中的氮肥主要被小麦吸走，蚕豆根系周围的氮会减少，就促进共生的根瘤菌固氮。蚕豆为直根系，相对疏而深；小麦是须根系，相对密而浅。在3号盆中，两者的根系在空间上相互交叉，又不打架，可以充分利用土壤养分，因而小麦吸收蚕豆根周围的氮更多，与蚕豆共生的根瘤菌固定的氮也就更多。

蚕豆与小麦互相隔离的1号盆，相当于小麦与蚕豆单独播种，单独播种的蚕豆固定氮的能力明显低很多，单独播种的小麦获得的氮也最少。

"这个试验多么有趣呀。"小燕兴奋地说。

"这个试验不仅有趣，还能说明问题。"小刚补充说。

陈院士总结说："豆、禾间作，可以为豆科植物解除氮阻遏的障碍。"

几千年来，我国农民采用的间作套种措施，从生产实践上解决了对豆科植物施氮肥与共生根瘤菌固氮的矛盾。科学家从理论上证实了农民实行间作套种的耕作方式是非常成功的、科学的。

我们根瘤菌只有和氮结合才能充分发挥作用。

 **9.4 不想说再见**

"小刚、小燕，"陈院士把小刚和小燕叫到身旁说，"你们跟着我们做研究时间很长了，能够坚持下来真是不容易呀！你们辛苦啦。"

"陈奶奶您辛苦多了。"小刚说。

"是啊，我们只是跟着您走，跟着您学。您要指导全国的课题研究，费了多少心血呢。"小燕接着说。

"你们在这里的研究告一段落了，学习任务还很重呢。不过，我相信你们不仅能把学习搞好，还可以继续关注科学研究的。"

"我拟了一份思考题，你们拿去思考思考。"陈院士把事先拟好的思考题交给小刚和小燕，每人一份。

小燕拿起思考题高声读起来：

1. 研究课题是如何确立的？怎样进行课题论证和可行性分析？

2. 研究课题确定后，需要做好哪些准备工作？

3. 微生物有哪些种类？根瘤菌属于哪一类微生物？

4. 如何进行野外豆科植物和根瘤菌的调查、采集和在地图上标明？

5. 怎样采集制作豆科植物标本？如何采集、分离和保藏根瘤菌？

6. 如何进行根瘤菌田间接种效果试验？怎样设计和安排试验区？

7. 什么是豆科植物和禾本科植物？什么是共生生活和寄生生活？

8. 怎样理解根瘤菌的分类和系统发育？如何描述根瘤菌现代分类的系统发育树？

9. 简要描述根瘤菌资源数据库的设备、结构、功能、特点及菌株的采集和制作。

10. 结合这次考察实践，说说你们对根瘤菌的应用效果和发展新思路的理解和体会。

"这些思考题都是你们亲自经历过的，目的是要巩固探索成果。"陈院士语重心长地说。

小刚和小燕手中拿着思考题，心中在想：科学家们有着自己的研究兴趣，有着自己坚定的信念和执着的追求。为了探索一个科学难题，攻克一个科学城堡，他们能够耐得寂寞，呕心沥血，一丝不苟；他们能够求真务实，全身心地投入到科学事业中去。

小刚很感动，发自内心地说："陈奶奶，我们不仅学到了科学知识和科学方法，还从您身上学到了科学精神！"

"是的。"小燕接着说，"我们学会了劳动，学会了生活，学会了做人！"

小刚和小燕都恋恋不舍，他们俩都舍不得和陈院士说再见。

亲爱的少年朋友们：

你们是祖国的花朵，民族的希望。今天，你们正处在长知识、长身体的关键时期，只有好好学习，锻炼身体，掌握本领，长大以后，才能担负起建设祖国、振兴中华的历史重任。

陈院士工作照

我们从事的是土壤微生物科学研究。土壤是微生物生息的大本营，1克泥土中就有10亿个微生物。微生物是土壤肥力形成和持续发展的动力，是土壤生物中最有用的菌群之一。根瘤菌与豆科植物共生，能固定空气中的氮素，在自然界和农牧业生产中起着巨大的作用。

我认定了研究根瘤菌的价值，一生都与它结缘。少年朋友们，你们一旦了解了一项工作的意义，就应该坚定从事这项工作的信念，要具有任凭风吹浪打，仍能勇往直前的意志。有了坚定的信念加上执着的追求，你们必将能够到达胜利的彼岸。

我们伟大的祖国孕育着极其丰富的物种资源，正因为新物种资源的不断发现，我们研究它们的兴趣也愈来愈浓厚，干劲愈益加强，科研成果也不断出现。

少年朋友们，认识一个新事物不是那么容易的。30年来，我们对根瘤菌资源进行广泛调查采集，对大量菌株进行分类和系统发育研究，才统计出根瘤菌物种间的发育关系；从各种根瘤菌与其宿主的共生关系的分析中，认识到它们的共生关系并不是一百多年来人们认识的那么专一，而是有很大的多样性，即杂乱性；从根瘤菌种在我国各大区域地理环境中的分布状况，逐步认识到根瘤菌 – 豆科植物共生体是环境、根瘤菌、豆科宿主间相互作用的结果。

目前，在这个领域，仍然还有很多问题值得我们去仔细研究。

要把我们祖国建设得更加好，就要激发全民族的创新精神，培养一支高水平的创新人才队伍。少年朋友们，只有你们的加入，这支队伍才能壮大。你们责无旁贷呀！创新不是凭空想出一个什么新东西，而是要认清一个方向，从不同侧面大量调查研究，占有第一手资料，不断总结分析，不断开拓，这样才能不断创新。

生物界是一个庞大而神秘的世界。我们的生活离不开大自然，当然也就离不开生物，包括植物、动物、微生物。摆在我们面前的，还有许多科学高峰需要攀登，许多难题需要攻克，许多新兴领域需要占领，许多奥秘需要揭示。少年朋友们，努力吧！将来靠你们去攀登、去攻克、去占领、去揭示！

中国科学院院士

中国农业大学教授　　陈文新

陈院士与同事在一起